公式集 I （括弧内は記載ページ）

指数関数　(p. 6, 12, 22, 68, 74)

$a^0 = 1, \quad \dfrac{1}{a^n} = a^{-n}$

$\sqrt[n]{a} = a^{\frac{1}{n}}, \quad \sqrt[n]{a^m} = \sqrt[n]{a}^{\,m} = a^{\frac{m}{n}}$

$a^p a^q = a^{p+q}, \quad \dfrac{a^p}{a^q} = a^{p-q}, \quad (a^p)^q = a^{pq}$

$(ab)^p = a^p b^p, \quad \left(\dfrac{a}{b}\right)^p = \dfrac{a^p}{b^p} = a^p b^{-p}$

三角関数　(p. 6, 32, 74)

$\tan\theta = \dfrac{\sin\theta}{\cos\theta}, \quad \cot\theta = \dfrac{\cos\theta}{\sin\theta}$

$\sec\theta = \dfrac{1}{\cos\theta}, \quad \operatorname{cosec}\theta = \dfrac{1}{\sin\theta}$

$\sin(-\theta) = -\sin\theta, \quad \cos(-\theta) = \cos\theta$

$\tan(-\theta) = -\tan\theta, \quad \cot(-\theta) = -\cot\theta$

$\cot^2\theta + \sin^2\theta = 1, \quad 1 + \tan^2\theta = \sec^2\theta$

$\cot^2\theta + 1 = \operatorname{cosec}^2\theta$

対数関数（底は e）　(p. 6, 24, 70, 74)

$\log 1 = 0, \quad \log e = 1$

$\log a + \log b = \log ab$

$\log a - \log b = \log\dfrac{a}{b}, \quad b\log a = \log a^b$

$\log e^a = a, \quad e^{b\log a} = a^b$

逆三角関数　(p. 6, 74)

$\sin^{-1}(-x) = -\sin^{-1} x,$

$\tan^{-1}(-x) = -\tan^{-1} x$

三角関数表

x	0	$\dfrac{\pi}{6}$	$\dfrac{\pi}{4}$	$\dfrac{\pi}{3}$	$\dfrac{\pi}{2}$	$\dfrac{2}{3}\pi$	$\dfrac{3}{4}\pi$	$\dfrac{5}{6}\pi$	π	$\dfrac{7}{6}\pi$	$\dfrac{5}{4}\pi$	$\dfrac{4}{3}\pi$	$\dfrac{3}{2}\pi$	$\dfrac{5}{3}\pi$	$\dfrac{7}{4}\pi$	$\dfrac{11}{6}\pi$	2π
$\sin x$	0	$\dfrac{1}{2}$	$\dfrac{1}{\sqrt{2}}$	$\dfrac{\sqrt{3}}{2}$	1	$\dfrac{\sqrt{3}}{2}$	$\dfrac{1}{\sqrt{2}}$	$\dfrac{1}{2}$	0	$-\dfrac{1}{2}$	$-\dfrac{1}{\sqrt{2}}$	$-\dfrac{\sqrt{3}}{2}$	-1	$-\dfrac{\sqrt{3}}{2}$	$-\dfrac{1}{\sqrt{2}}$	$-\dfrac{1}{2}$	0
$\cos x$	1	$\dfrac{\sqrt{3}}{2}$	$\dfrac{1}{\sqrt{2}}$	$\dfrac{1}{2}$	0	$-\dfrac{1}{2}$	$-\dfrac{1}{\sqrt{2}}$	$-\dfrac{\sqrt{3}}{2}$	-1	$-\dfrac{\sqrt{3}}{2}$	$-\dfrac{1}{\sqrt{2}}$	$-\dfrac{1}{2}$	0	$\dfrac{1}{2}$	$\dfrac{1}{\sqrt{2}}$	$\dfrac{\sqrt{3}}{2}$	1
$\tan x$	0	$\dfrac{1}{\sqrt{3}}$	1	$\sqrt{3}$	$\pm\infty$	$-\sqrt{3}$	-1	$-\dfrac{1}{\sqrt{3}}$	0	$\dfrac{1}{\sqrt{3}}$	1	$\sqrt{3}$	$\pm\infty$	$-\sqrt{3}$	-1	$-\dfrac{1}{\sqrt{3}}$	0
$\cot x$	$\pm\infty$	$\sqrt{3}$	1	$\dfrac{1}{\sqrt{3}}$	0	$-\dfrac{1}{\sqrt{3}}$	-1	$-\sqrt{3}$	$\pm\infty$	$\sqrt{3}$	1	$\dfrac{1}{\sqrt{3}}$	0	$-\dfrac{1}{\sqrt{3}}$	-1	$-\sqrt{3}$	$\pm\infty$

逆三角関数表

x	-1	$-\dfrac{\sqrt{3}}{2}$	$-\dfrac{1}{\sqrt{2}}$	$-\dfrac{1}{2}$	0	$\dfrac{1}{2}$	$\dfrac{1}{\sqrt{2}}$	$\dfrac{\sqrt{3}}{2}$	1
$\sin^{-1} x$	$-\dfrac{\pi}{2}$	$-\dfrac{\pi}{3}$	$-\dfrac{\pi}{4}$	$-\dfrac{\pi}{6}$	0	$\dfrac{\pi}{6}$	$\dfrac{\pi}{4}$	$\dfrac{\pi}{3}$	$\dfrac{\pi}{2}$
$\cos^{-1} x$	π	$\dfrac{5}{6}\pi$	$\dfrac{3}{4}\pi$	$\dfrac{2}{3}\pi$	$\dfrac{\pi}{2}$	$\dfrac{\pi}{3}$	$\dfrac{\pi}{4}$	$\dfrac{\pi}{6}$	0

x	$-\infty$	$-\sqrt{3}$	-1	$-\dfrac{1}{\sqrt{3}}$	0	$\dfrac{1}{\sqrt{3}}$	1	$\sqrt{3}$	∞
$\tan^{-1} x$	$-\dfrac{\pi}{2}$	$-\dfrac{\pi}{3}$	$-\dfrac{\pi}{4}$	$-\dfrac{\pi}{6}$	0	$\dfrac{\pi}{6}$	$\dfrac{\pi}{4}$	$\dfrac{\pi}{3}$	$\dfrac{\pi}{2}$

微分

$\{kf(x)\}' = kf'(x)$ (k は定数) (p. 1, 12, 15)

$\{f(x)+g(x)\}' = f'(x)+g'(x)$ (p. 1, 15)

$\{f(x)g(x)\}' = f'(x)g(x)+f(x)g'(x)$ (p. 1, 16)

$\left\{\dfrac{f(x)}{g(x)}\right\}' = \dfrac{f'(x)g(x)-f(x)g'(x)}{g(x)^2}$ (p. 1, 17)

$\left\{\dfrac{1}{g(x)}\right\}' = -\dfrac{g'(x)}{g(x)^2}$ (p. 2, 17)

$\{f(g(x))\}' = f'(g(x))g'(x)$ (p. 2, 18)

$(c)' = 0$ (c は定数) (p. 2, 12)

$(x^n)' = nx^{n-1}$ (p. 2, 12)

$(e^x)' = e^x, \quad (a^x)' = a^x \log a$ (p. 2, 22)

$(\log|x|)' = \dfrac{1}{x}, \quad (\log_a |x|)' = \dfrac{1}{x \log a}$ (p. 2, 24)

$(\sin x)' = \cos x, \quad (\cos x)' = -\sin x$ (p. 2, 32)

$(\tan x)' = \left(\dfrac{\sin x}{\cos x}\right)' = \sec^2 x$ (p. 2, 32)

$(\cot x)' = \left(\dfrac{1}{\tan x}\right)' = \left(\dfrac{\cos x}{\sin x}\right)' = -\operatorname{cosec}^2 x$

  (p. 2, 32)

$(\sin^{-1} x)' = \dfrac{1}{\sqrt{1-x^2}}$ (p. 2, 35)

$(\cos^{-1} x)' = -\dfrac{1}{\sqrt{1-x^2}}$ (p. 2, 35)

$(\tan^{-1} x)' = \dfrac{1}{x^2+1}$ (p. 2, 35)

$(\sinh x)' = \cosh x, \quad (\cosh x)' = \sinh x$ (p. 2)

$z = f(x, y)$ ならば $dz = z_x\, dx + z_y\, dy$ (p. 41)

$z = f(x, y), \ x = f(t), \ y = g(t)$ ならば
  $z_t = z_x x_t + z_y y_t$ (p. 42)

$z = f(x, y), \ x = f(s, t), \ y = g(s, t)$ ならば
  $z_s = z_x x_s + z_y y_s, \quad z_t = z_x x_t + z_y y_t$ (p. 43)

$F(x, y) = 0$ ならば $\dfrac{dy}{dx} = -\dfrac{F_x}{F_y}$ (p. 47)

$F(x, y, z) = 0$ ならば
  $\dfrac{\partial z}{\partial x} = -\dfrac{F_x}{F_z}, \quad \dfrac{\partial z}{\partial y} = -\dfrac{F_y}{F_z}$ (p. 47)

$x = f(t), \ y = g(t)$ ならば $\dfrac{dy}{dx} = \dfrac{y_t}{x_t}$ (p. 49)

$x = f(s, t), \ y = g(s, t), \ z = h(s, t)$ ならば

$\dfrac{\partial z}{\partial x} = \dfrac{\begin{vmatrix} z_s & z_t \\ y_s & y_t \end{vmatrix}}{\begin{vmatrix} x_s & x_t \\ y_s & y_t \end{vmatrix}}, \quad \dfrac{\partial z}{\partial y} = \dfrac{\begin{vmatrix} x_s & x_t \\ z_s & z_t \end{vmatrix}}{\begin{vmatrix} x_s & x_t \\ y_s & y_t \end{vmatrix}}$ (p. 49)

ギリシア文字

大文字	小文字	読み方	大文字	小文字	読み方	大文字	小文字	読み方
A	α	アルファ	I	ι	イオタ	P	ρ	ロー
B	β	ベータ	K	κ	カッパ	Σ	σ	シグマ
Γ	γ	ガンマ	Λ	λ	ラムダ	T	τ	タウ
Δ	δ	デルタ	M	μ	ミュー	Υ	υ	ユプシロン
E	ε	エプシロン	N	ν	ニュー	Φ	$\varphi\ \phi$	ファイ
Z	ζ	ゼータ	Ξ	ξ	クシー	X	χ	カイ
H	η	エータ	O	o	オミクロン	Ψ	$\psi\ \psi$	プサイ
Θ	$\theta\ \vartheta$	シータ	Π	π	パイ	Ω	ω	オメガ

計算力が身に付く 偏微分と重積分

佐野公朗 著

学術図書出版社

まえがき

　本書は偏微分と重積分の基礎から簡単な応用までをできるだけわかり易く書いた初学者用の教科書です．

　ここでは理論的な厳密さよりも計算技術とその応用について習得することを主な目的としています．そのために新しい概念を導入するときはなるべく具体例を付けて，理解を助けるように努めました．また，例題と問題を対応させて，実例を通じて計算の方法が身に付けられるように工夫しました．予備知識としては1変数関数の微積分と線形代数の基礎を仮定しています．これらについては拙著『計算力が身に付く 微分積分』と『計算力が身に付く 線形代数』をご覧ください．

　このような説明のやり方を採用したのは，もはや従来の方法が学生にとって苦痛そのものでしかないからです．これまでの「定義・定理・証明」式の説明を理解するにはかなりの計算力と論理力そして記号に対する熟練が必要です．しかもこれらの能力を鍛えるために費やされる，時間や労力や犠牲は多大なものがあります．本書ではこのような負担をできるだけ軽くして，わかり易い解説を目指すように心掛けました．

　本書で学習される方は，まず説明を読みそれから例題に進み，それを終えたら対応する問を解いてください．もしも解答の方法がわからないときは，例題に戻りもう一度そこにある計算のやり方を見直してください．このようにして一通り問を解き終えてまだ余裕のある方は，練習問題に挑戦してください．各節の問題の解答は各節末に記載してあります．

　本書の内容を説明します．§0では準備として1変数関数の微積分の基礎について書いてあります．§1から§6ではいろいろな2変数関数の偏微分について説明してあります．§7では偏微分の応用として2変数関数の増減，曲面の接平面や法線，2変数関数の展開などについて扱っています．§8から§11ではいろいろな2変数関数の重積分について書いてあります．§12では重積分の応用として立体の体積，曲面の面積などについて取り上げています．

　本書をまとめるにあたり，多くの著書を参考にさせていただいたことをここに感謝します．学術図書出版社の発田孝夫氏には，作成にあたって多大なお世話になり深く謝意を表します．また，八戸工業大学の尾﨑康弘名誉教授には様々なご助言を頂き，ここで厚く御礼を申し上げます．

2006年3月

著者

も　く　じ

§0　微積分の基礎
- 0.1　関数の微分 ……………………………………………………………… 1
- 0.2　関数の積分 ……………………………………………………………… 3
-       練習問題 0 ……………………………………………………………… 5

§1　2変数関数の極限と偏微分
- 1.1　2変数関数 ………………………………………………………………… 8
- 1.2　極限と連続 ………………………………………………………………… 9
- 1.3　偏微分 ……………………………………………………………………… 10
- 1.4　n 次関数の偏微分 ……………………………………………………… 12
-       練習問題 1 ……………………………………………………………… 13

§2　関数の四則と合成関数の偏微分
- 2.1　関数の定数倍と和の偏微分 ……………………………………………… 15
- 2.2　関数の積の偏微分 ………………………………………………………… 16
- 2.3　関数の商の偏微分 ………………………………………………………… 17
- 2.4　合成関数の偏微分 ………………………………………………………… 18
-       練習問題 2 ……………………………………………………………… 19

§3　指数関数と対数関数の偏微分
- 3.1　指数関数の偏微分 ………………………………………………………… 22
- 3.2　対数関数の偏微分 ………………………………………………………… 24
- 3.3　対数微分法 ………………………………………………………………… 27
-       練習問題 3 ……………………………………………………………… 28

§4　三角関数と逆三角関数の偏微分
- 4.1　三角関数の偏微分 ………………………………………………………… 32
- 4.2　逆三角関数の偏微分 ……………………………………………………… 35
-       練習問題 4 ……………………………………………………………… 37

§5　全微分と合成関数の偏微分
- 5.1　全微分 ……………………………………………………………………… 41
- 5.2　合成関数の偏微分（1変数の場合） ……………………………………… 42
- 5.3　合成関数の偏微分（2変数の場合） ……………………………………… 43
-       練習問題 5 ……………………………………………………………… 44

§6　陰関数と媒介変数の偏微分，高次の偏微分
- 6.1　陰関数の偏微分 …………………………………… 47
- 6.2　媒介変数で表された関数の偏微分 ……………… 48
- 6.3　高次の偏微分 …………………………………… 50
- 　　　練習問題 6 ……………………………………… 52

§7　偏微分の応用
- 7.1　関数の極大と極小 ………………………………… 56
- 7.2　接平面と法線 ……………………………………… 58
- 7.3　関数の展開 ………………………………………… 59
- 　　　練習問題 7 ……………………………………… 62

§8　2 変数関数の重積分
- 8.1　重積分と逐次積分 ………………………………… 65
- 8.2　n 次関数の重積分 ……………………………… 67
- 8.3　関数の定数倍と和の積分 ………………………… 69
- 　　　練習問題 8 ……………………………………… 70

§9　いろいろな関数の重積分
- 9.1　指数関数と三角関数の重積分 …………………… 72
- 9.2　分数関数と無理関数の重積分 …………………… 73
- 　　　練習問題 9 ……………………………………… 75

§10　1 次式の関数の重積分，その他の重積分
- 10.1　1 次式の関数の重積分 …………………………… 77
- 10.2　その他の重積分 …………………………………… 79
- 　　　練習問題 10 …………………………………… 80

§11　いろいろな図形での重積分
- 11.1　いろいろな図形での重積分 ……………………… 82
- 11.2　置換積分 …………………………………………… 83
- 　　　練習問題 11 …………………………………… 86

§12　重積分の応用
- 12.1　立体の体積 ………………………………………… 89
- 12.2　曲面の面積 ………………………………………… 90
- 　　　練習問題 12 …………………………………… 93

- 索　引 …………………………………………………… 95
- 記号索引 ………………………………………………… 96

§0 微積分の基礎

これからこの分野を勉強するのに必要な予備知識を補う．ここでは 1 変数関数を考え，その微積分について取り上げる．

0.1 関数の微分

1 変数関数を考え，微分を導入する．

1 つの変数によって表された式（方程式）を **1 変数関数**という．たとえば関数 $y = x^2 + 1$ のように変数 y が変数 x の式で $y = f(x)$ と表されるならば，x を**独立変数**（変数），y を**従属変数**（関数）という．変数以外の文字や数字を**定数**という．

● 微分の意味と記号

一般の曲線で接線の傾きを求める．

曲線 $y = f(x)$ 上の点 $A(x, f(x))$ で接線 T の傾き（微分係数）は $\Delta x = h$, $\Delta y = f(x+h) - f(x)$ とすると

$$\lim_{h \to 0} \frac{f(x+h) - f(x)}{h} = \lim_{\Delta x \to 0} \frac{\Delta y}{\Delta x}$$

これを次のように書いて**導関数**という．

$$\frac{dy}{dx} = y' = f'(x)$$

$\Delta x, \Delta y$ を増分，dx, dy を微分という．導関数を求めることを**微分する**という．何回も微分するときは，y'', y''', …, $y^{(n)}$ と書く．$y^{(n)}$ を n 次導関数という．

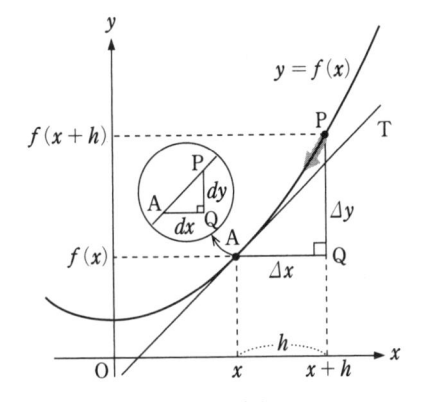

図 0.1 曲線 $y = f(x)$ 上の点 A で接線 T の傾き．

点 A で拡大すると曲線も接線と同じ直線に見えてくる．点 P が点 A を近づくと，線分 AP の傾き $\dfrac{\Delta y}{\Delta x}$ が接線 T の傾き $\dfrac{dy}{dx}$ に近づく．

関数の微分について次が成り立つ．

公式 0.1 関数の四則と合成関数の微分

(1) $\{kf(x)\}' = kf'(x)$ （k は定数）

(2) $\{f(x) + g(x)\}' = f'(x) + g'(x)$

(3) $\{f(x)g(x)\}' = f'(x)g(x) + f(x)g'(x)$

(4) $\left\{\dfrac{f(x)}{g(x)}\right\}' = \dfrac{f'(x)g(x) - f(x)g'(x)}{g(x)^2}$

---

(5) $\left\{\dfrac{1}{g(x)}\right\}' = -\dfrac{g'(x)}{g(x)^2}$

(6) $\{f(g(x))\}' = f'(g(x))g'(x)$

公式 0.2 いろいろな関数の微分

(1) $(c)' = 0$ （c は定数） (2) $(x^n)' = nx^{n-1}$

(3) $(e^x)' = e^x$ (4) $(\log|x|)' = \dfrac{1}{x}$

(5) $(\sin x)' = \cos x$ (6) $(\cos x)' = -\sin x$

(7) $(\tan x)' = \sec^2 x$ (8) $(\sin^{-1} x)' = \dfrac{1}{\sqrt{1-x^2}}$

(9) $(\cos^{-1} x)' = -\dfrac{1}{\sqrt{1-x^2}}$ (10) $(\tan^{-1} x)' = \dfrac{1}{x^2+1}$

(11) $(\sinh x)' = \cosh x$ (12) $(\cosh x)' = \sinh x$

例題 0.1 公式 0.1, 0.2 を用いて微分せよ．

(1) $y = \sqrt{3x}$ (2) $y = x^3 + 1 + \dfrac{1}{x}$

(3) $y = x^2 e^x$ (4) $y = \dfrac{\log x}{x+1}$

(5) $y = \cos(x^2+3)$ (6) $y = (\tan^{-1} x + 2)^3$

解　まず公式 0.1 を用いて各関数の微分に分解してから，公式 0.2 により微分する．

(1) $y = \sqrt{3x} = \sqrt{3}\, x^{\frac{1}{2}}, \quad y' = \sqrt{3}(x^{\frac{1}{2}})' = \dfrac{\sqrt{3}}{2} x^{-\frac{1}{2}} = \dfrac{\sqrt{3}}{2\sqrt{x}}$

(2) $y = x^3 + 1 + \dfrac{1}{x} = x^3 + 1 + x^{-1}$

$y' = (x^3)' + (1)' + (x^{-1})' = 3x^2 - x^{-2} = 3x^2 - \dfrac{1}{x^2}$

(3) $y' = (x^2 e^x)' = (x^2)' e^x + x^2 (e^x)' = 2xe^x + x^2 e^x = (2x + x^2)e^x$

(4) $y' = \left(\dfrac{\log x}{x+1}\right)' = \dfrac{(\log x)'(x+1) - (\log x)(x+1)'}{(x+1)^2} = \dfrac{\dfrac{1}{x}(x+1) - \log x}{(x+1)^2}$

$= \dfrac{x+1 - x\log x}{x(x+1)^2}$

(5) $y' = \{\cos(x^2+3)\}' = -\sin(x^2+3)(x^2+3)' = -2x\sin(x^2+3)$

(6) $y' = \{(\tan^{-1} x + 2)^3\}' = 3(\tan^{-1} x + 2)^2 (\tan^{-1} x + 2)'$

$= \dfrac{3(\tan^{-1} x + 2)^2}{x^2+1}$

問 0.1 公式 0.1, 0.2 を用いて微分せよ.

(1) $y = \left(\dfrac{2}{x}\right)^3$

(2) $y = \sqrt{x}^3 + \dfrac{1}{\sqrt[3]{x^2}}$

(3) $y = (x^2+1)\log(x-1)$

(4) $y = \dfrac{x-3}{e^{2x}+1}$

(5) $y = \sin^{-1}(x^2-x)$

(6) $y = \sqrt{\tan 3x + 1}$

0.2 関数の積分

1 変数関数の積分を導入する.

● **定積分の意味と記号**

一般の曲線に囲まれた図形の面積を求める.

区間 $a \leqq x \leqq b$ で曲線 $y = f(x)$ と x 軸に囲まれた図形の面積を S とする.

y 軸に平行で底辺が Δx, 高さが $f(x)$ の長方形を作ると, 面積は $f(x)\Delta x$ となる. $\Delta x \to 0$ として拡大すると底辺は dx になり, 長方形の面積は $f(x)\,dx$ となる. これを点 $x = a$ から点 $x = b$ までたし合わせれば, 面積 S が求まる. そこで次のように表し, 関数 $f(x)$ の a から b までの **定積分** という. a を **下端**, b を **上端**, $a \leqq x \leqq b$ を **積分区間** という.

$$S = \int_a^b f(x)\,dx$$

（a から b までたし合わせる. 長方形の面積）

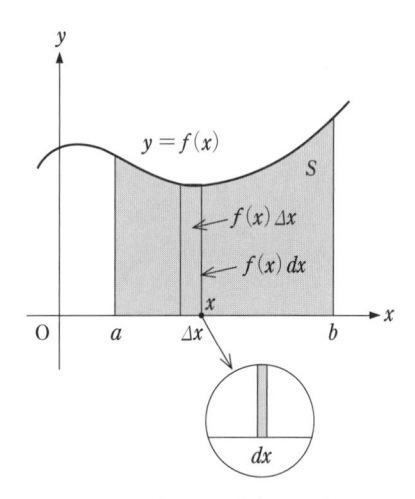

図 0.2 曲線 $y = f(x)$ と x 軸に囲まれた図形の面積と定積分.

このとき次が成り立つ.

公式 0.3 微積分の基本定理

関数 $f(x)$ に対して $F'(x) = f(x)$ ならば

$$\int_a^b f(x)\,dx = \Big[F(x)\Big]_a^b = F(b) - F(a)$$

● **不定積分の意味と記号**

定積分の求め方を整理する.

公式 0.3 より関数 $f(x)$ の定積分を求めるには, 微分して $f(x)$ になる関数を見つければよい. そこで関数 $f(x)$ に対して

$$F'(x) = f(x)$$

ならば, 関数 $F(x)$ を関数 $f(x)$ の **不定積分**（積分）という. ただし, 不定積分は多数あるので **積分定数** C を用いて次のように書く.

$$\int f(x)\,dx = F(x)+C$$

関数の積分について次が成り立つ.

公式 0.4 関数の定数倍と和の積分

(1) $\int kf(x)\,dx = k\int f(x)\,dx$ （k は定数）

(2) $\int \{f(x)+g(x)\}\,dx = \int f(x)\,dx + \int g(x)\,dx$

公式 0.5 いろいろな関数の不定積分, $n \neq -1$, $a \neq 0$, b は定数

(1) $\int a\,dx = ax+C$ (2) $\int x^n\,dx = \dfrac{1}{n+1}x^{n+1}+C$

(3) $\int (ax+b)^n\,dx = \dfrac{1}{a(n+1)}(ax+b)^{n+1}+C$

(4) $\int \dfrac{1}{x}\,dx = \log|x|+C$ (5) $\int \dfrac{1}{x+b}\,dx = \log|x+b|+C$

(6) $\int e^{ax}\,dx = \dfrac{1}{a}e^{ax}+C$ (7) $\int \sin ax\,dx = -\dfrac{1}{a}\cos ax+C$

(8) $\int \cos ax\,dx = \dfrac{1}{a}\sin ax+C$

(9) $\int \sinh ax\,dx = \dfrac{1}{a}\cosh ax+C$

(10) $\int \cosh ax\,dx = \dfrac{1}{a}\sinh ax+C$

(11) $\int \dfrac{1}{x^2+a^2}\,dx = \dfrac{1}{a}\tan^{-1}\dfrac{x}{a}+C$

(12) $\int \dfrac{1}{x^2-a^2}\,dx = \dfrac{1}{2a}\log\left|\dfrac{x-a}{x+a}\right|+C$

(13) $\int \dfrac{1}{\sqrt{a^2-x^2}}\,dx = \sin^{-1}\dfrac{x}{a}+C$ （$a>0$）

(14) $\int \dfrac{1}{\sqrt{x^2+a}}\,dx = \log|x+\sqrt{x^2+a}|+C$

(15) $\int \sqrt{a^2-x^2}\,dx = \dfrac{1}{2}\left(x\sqrt{a^2-x^2}+a^2\sin^{-1}\dfrac{x}{a}\right)+C$ （$a>0$）

(16) $\int \sqrt{x^2+a}\,dx = \dfrac{1}{2}\left(x\sqrt{x^2+a}+a\log|x+\sqrt{x^2+a}|\right)+C$

(17) $\int \{f(x)\}^n f'(x)\,dx = \dfrac{1}{n+1}\{f(x)\}^{n+1}+C$

(18) $\int \dfrac{f'(x)}{f(x)}\,dx = \log|f(x)|+C$

例題 0.2 公式 0.3〜0.5 を用いて積分を求めよ.

(1) $\displaystyle\int_1^4 \dfrac{1}{\sqrt{2x}}\,dx$ (2) $\displaystyle\int_1^2 \left(4x^3+\dfrac{3}{x}+\dfrac{2}{x^3}\right)dx$

$$\begin{aligned}&(3)\quad \int_0^1 e^{-2x}\,dx &&(4)\quad \int_0^\pi \sin\frac{x}{2}\,dx\\&(5)\quad \int_{\sqrt{3}}^3 \frac{6}{x^2+9}\,dx &&(6)\quad \int_{-1}^1 \frac{3}{\sqrt{4-x^2}}\,dx\end{aligned}$$

解 公式 0.4 を用いて各関数の積分に分解してから，公式 0.5 により不定積分を求め，差を計算する．

(1) $\displaystyle\int_1^4 \frac{1}{\sqrt{2x}}\,dx = \frac{1}{\sqrt{2}}\int_1^4 x^{-\frac{1}{2}}\,dx = \frac{2}{\sqrt{2}}\Big[\sqrt{x}\Big]_1^4 = \sqrt{2}(2-1) = \sqrt{2}$

(2) $\displaystyle\int_1^2 \left(4x^3+\frac{3}{x}+\frac{2}{x^3}\right)dx = \int_1^2 \left(4x^3+\frac{3}{x}+2x^{-3}\right)dx = \left[x^4+3\log|x|-\frac{1}{x^2}\right]_1^2$

$\qquad\qquad\qquad\qquad = 16-1+3(\log 2-\log 1)-\left(\frac{1}{4}-1\right)$

$\qquad\qquad\qquad\qquad = 15+3\log 2+\frac{3}{4} = \frac{63}{4}+3\log 2$

(3) $\displaystyle\int_0^1 e^{-2x}\,dx = -\frac{1}{2}\Big[e^{-2x}\Big]_0^1 = -\frac{1}{2}(e^{-2}-e^0) = \frac{1}{2}\left(1-\frac{1}{e^2}\right)$

(4) $\displaystyle\int_0^\pi \sin\frac{x}{2}\,dx = -2\Big[\cos\frac{x}{2}\Big]_0^\pi = -2\left(\cos\frac{\pi}{2}-\cos 0\right) = 2$

(5) $\displaystyle\int_{\sqrt{3}}^3 \frac{6}{x^2+9}\,dx = \frac{6}{3}\Big[\tan^{-1}\frac{x}{3}\Big]_{\sqrt{3}}^3 = 2\left(\tan^{-1}1-\tan^{-1}\frac{1}{\sqrt{3}}\right)$

$\qquad\qquad\qquad\quad = 2\left(\frac{\pi}{4}-\frac{\pi}{6}\right) = \frac{\pi}{6}$

(6) $\displaystyle\int_{-1}^1 \frac{3}{\sqrt{4-x^2}}\,dx = 3\Big[\sin^{-1}\frac{x}{2}\Big]_{-1}^1 = 3\left\{\sin^{-1}\frac{1}{2}-\sin^{-1}\left(-\frac{1}{2}\right)\right\}$

$\qquad\qquad\qquad\quad = 3\left(\frac{\pi}{6}+\frac{\pi}{6}\right) = \pi$

問 0.2 公式 0.3〜0.5 を用いて積分を求めよ．

$$\begin{aligned}&(1)\quad \int_0^3 \left(\frac{x}{3}\right)^2 dx &&(2)\quad \int_1^2 \left(5x^4-\frac{1}{2x}\right)dx\\&(3)\quad \int_{-1}^0 e^{5x}\,dx &&(4)\quad \int_{\frac{\pi}{6}}^{\frac{\pi}{3}} \cos 3x\,dx\\&(5)\quad \int_{-2}^2 \frac{4}{x^2+4}\,dx &&(6)\quad \int_{-3}^{\frac{3}{2}} \frac{2}{\sqrt{9-x^2}}\,dx\end{aligned}$$

ここで指数，対数と三角関数，逆三角関数についてまとめておく．

公式 0.6 指数，対数と三角関数，逆三角関数の性質

(1) $e^0 = 1$　　　　　　　　(2) $\log 1 = 0$

(3) $\log e = 1$　　　　　　　(4) $\log a + \log b = \log ab$

(5) $\log a - \log b = \log \dfrac{a}{b}$　(6) $b\log a = \log a^b$

(7) $\sin(-\theta) = -\sin\theta$ (8) $\cos(-\theta) = \cos\theta$
(9) $\sin^{-1}(-x) = -\sin^{-1}x$ (10) $\tan^{-1}(-x) = -\tan^{-1}x$

三角関数表

x	0	$\frac{\pi}{6}$	$\frac{\pi}{4}$	$\frac{\pi}{3}$	$\frac{\pi}{2}$	$\frac{2}{3}\pi$	$\frac{3}{4}\pi$	$\frac{5}{6}\pi$	π	$\frac{7}{6}\pi$	$\frac{5}{4}\pi$	$\frac{4}{3}\pi$	$\frac{3}{2}\pi$	$\frac{5}{3}\pi$	$\frac{7}{4}\pi$	$\frac{11}{6}\pi$	2π
$\sin x$	0	$\frac{1}{2}$	$\frac{1}{\sqrt{2}}$	$\frac{\sqrt{3}}{2}$	1	$\frac{\sqrt{3}}{2}$	$\frac{1}{\sqrt{2}}$	$\frac{1}{2}$	0	$-\frac{1}{2}$	$-\frac{1}{\sqrt{2}}$	$-\frac{\sqrt{3}}{2}$	-1	$-\frac{\sqrt{3}}{2}$	$-\frac{1}{\sqrt{2}}$	$-\frac{1}{2}$	0
$\cos x$	1	$\frac{\sqrt{3}}{2}$	$\frac{1}{\sqrt{2}}$	$\frac{1}{2}$	0	$-\frac{1}{2}$	$-\frac{1}{\sqrt{2}}$	$-\frac{\sqrt{3}}{2}$	-1	$-\frac{\sqrt{3}}{2}$	$-\frac{1}{\sqrt{2}}$	$-\frac{1}{2}$	0	$\frac{1}{2}$	$\frac{1}{\sqrt{2}}$	$\frac{\sqrt{3}}{2}$	1
$\tan x$	0	$\frac{1}{\sqrt{3}}$	1	$\sqrt{3}$	$\pm\infty$	$-\sqrt{3}$	-1	$-\frac{1}{\sqrt{3}}$	0	$\frac{1}{\sqrt{3}}$	1	$\sqrt{3}$	$\pm\infty$	$-\sqrt{3}$	-1	$-\frac{1}{\sqrt{3}}$	0
$\cot x$	$\pm\infty$	$\sqrt{3}$	1	$\frac{1}{\sqrt{3}}$	0	$-\frac{1}{\sqrt{3}}$	-1	$\sqrt{3}$	$\pm\infty$	$\sqrt{3}$	1	$\frac{1}{\sqrt{3}}$	0	$-\frac{1}{\sqrt{3}}$	-1	$-\sqrt{3}$	$\pm\infty$

逆三角関数表

x	-1	$-\frac{\sqrt{3}}{2}$	$-\frac{1}{\sqrt{2}}$	$-\frac{1}{2}$	0	$\frac{1}{2}$	$\frac{1}{\sqrt{2}}$	$\frac{\sqrt{3}}{2}$	1
$\sin^{-1}x$	$-\frac{\pi}{2}$	$-\frac{\pi}{3}$	$-\frac{\pi}{4}$	$-\frac{\pi}{6}$	0	$\frac{\pi}{6}$	$\frac{\pi}{4}$	$\frac{\pi}{3}$	$\frac{\pi}{2}$
$\cos^{-1}x$	π	$\frac{5}{6}\pi$	$\frac{3}{4}\pi$	$\frac{2}{3}\pi$	$\frac{\pi}{2}$	$\frac{\pi}{3}$	$\frac{\pi}{4}$	$\frac{\pi}{6}$	0

x	$-\infty$	$-\sqrt{3}$	-1	$-\frac{1}{\sqrt{3}}$	0	$\frac{1}{\sqrt{3}}$	1	$\sqrt{3}$	∞
$\tan^{-1}x$	$-\frac{\pi}{2}$	$-\frac{\pi}{3}$	$-\frac{\pi}{4}$	$-\frac{\pi}{6}$	0	$\frac{\pi}{6}$	$\frac{\pi}{4}$	$\frac{\pi}{3}$	$\frac{\pi}{2}$

練習問題0

1. 公式0.1, 0.2を用いて微分せよ．

(1) $y = \dfrac{\sqrt{4x}}{\sqrt[3]{8x}}$ (2) $y = \dfrac{x^3 + \sqrt{x} - 1}{x}$

(3) $y = (2x-1)\sin 4x$ (4) $y = (3x+2)\tan^{-1}x$

(5) $y = \dfrac{\tan x}{x^2 - 1}$ (6) $y = \dfrac{x^3 + x}{\cos^{-1}x}$

(7) $y = \dfrac{1}{e^{x^2+x}}$ (8) $y = \log(\sqrt{x} + x^2)$

(9) $y = \dfrac{1}{(e^{3x} - 5)^2}$ (10) $y = \dfrac{1}{\sqrt{\log x + 1}}$

(11) $y = \cos(\log x)$ (12) $y = e^{\cos^{-1}x}$

2. 公式0.3〜0.5を用いて積分を求めよ．

(1) $\displaystyle\int_0^1 \sqrt{9x}\,\sqrt[3]{27x}\,dx$ (2) $\displaystyle\int_1^4 \dfrac{x^2 + \sqrt{x} - 1}{\sqrt{x}^3}\,dx$

(3) $\displaystyle\int_0^2 \frac{1}{x+2}\,dx$ (4) $\displaystyle\int_1^2 \frac{1}{\sqrt{x-1}}\,dx$

(5) $\displaystyle\int_{-1}^0 (e^{2x}-e^{-x})\,dx$ (6) $\displaystyle\int_{\frac{\pi}{2}}^{\pi}\left(\sin\frac{x}{3}-2\cos 2x\right)dx$

(7) $\displaystyle\int_{-1}^1 \frac{1}{x^2-4}\,dx$ (8) $\displaystyle\int_0^1 \frac{1}{\sqrt{x^2+1}}\,dx$

(9) $\displaystyle\int_0^1 \sqrt{4-x^2}\,dx$ (10) $\displaystyle\int_{\sqrt{2}}^2 \sqrt{x^2-2}\,dx$

(11) $\displaystyle\int_0^2 \frac{x}{x^2+1}\,dx$ (12) $\displaystyle\int_1^2 \frac{x}{\sqrt{x^2-1}}\,dx$

解答

問 0.1 (1) $-\dfrac{24}{x^4}$ (2) $\dfrac{3}{2}\sqrt{x}-\dfrac{2}{3\sqrt[3]{x^5}}$

(3) $2x\log(x-1)+\dfrac{x^2+1}{x-1}$ (4) $\dfrac{(7-2x)e^{2x}+1}{(e^{2x}+1)^2}$

(5) $\dfrac{2x-1}{\sqrt{1-(x^2-x)^2}}$ (6) $\dfrac{3\sec^2 3x}{2\sqrt{\tan 3x+1}}$

問 0.2 (1) 1 (2) $31-\dfrac{1}{2}\log 2$ (3) $\dfrac{1}{5}\left(1-\dfrac{1}{e^5}\right)$ (4) $-\dfrac{1}{3}$

(5) π (6) $\dfrac{4}{3}\pi$

練習問題 0

1. (1) $\dfrac{1}{6\sqrt[6]{x^5}}$ (2) $2x-\dfrac{1}{2\sqrt{x^3}}+\dfrac{1}{x^2}$

(3) $2\sin 4x+4(2x-1)\cos 4x$ (4) $3\tan^{-1}x+\dfrac{3x+2}{x^2+1}$

(5) $\dfrac{(x^2-1)\sec^2 x-2x\tan x}{(x^2-1)^2}$ (6) $\dfrac{(3x^2+1)\sqrt{1-x^2}\cos^{-1}x+x^3+x}{(\cos^{-1}x)^2\sqrt{1-x^2}}$

(7) $-(2x+1)e^{-x^2-x}$ (8) $\dfrac{1+4x\sqrt{x}}{2\sqrt{x}(\sqrt{x}+x^2)}$

(9) $-\dfrac{6e^{3x}}{(e^{3x}-5)^3}$ (10) $-\dfrac{1}{2x\sqrt{\log x+1}^3}$

(11) $-\dfrac{\sin(\log x)}{x}$ (12) $-\dfrac{e^{\cos^{-1}x}}{\sqrt{1-x^2}}$

2. (1) $\dfrac{54}{11}$ (2) $\dfrac{11}{3}+\log 4$ (3) $\log 2$ (4) 2

(5) $\dfrac{3}{2}-\dfrac{1}{2e^2}-e$ (6) $\dfrac{3}{2}(\sqrt{3}-1)$ (7) $\dfrac{1}{4}\log\dfrac{1}{9}=-\dfrac{1}{2}\log 3$

(8) $\log(1+\sqrt{2})$ (9) $\dfrac{\sqrt{3}}{2}+\dfrac{\pi}{3}$ (10) $\sqrt{2}-\log(\sqrt{2}+1)$

(11) $\dfrac{1}{2}\log 5$ (12) $\sqrt{3}$

§1　2変数関数の極限と偏微分

この世界には多くの数量が関係しながら変化する現象がある．これらの変化の様子を調べるには，2つ以上の変数を持つ関数が必要になる．ここでは2変数の関数を考え，極限と偏微分を導入する．

1.1　2 変 数 関 数

2変数関数とは何かを考える．

2つの変数によって表された式（方程式）を **2変数関数** という．たとえば関数 $z = x^2 + y^2 + 1$ のように変数 z が変数 x, y の式で $z = f(x, y)$ と表されるならば，x, y を **独立変数**（変数），z を **従属変数**（関数）という．

変数以外の文字や数字を **定数** という．対応する変数 x と y と z を点の座標 (x, y, z) として空間内に並べると，**グラフ**になる．3変数以上の関数も同様である．

例 1　2変数関数の式とグラフをかく．

(1)　2変数関数の式

$$z = x^2 + y^2 + 1 = f(x, y)$$

従属変数 ↑　　↑ 独立変数

(2)　2変数関数のグラフ

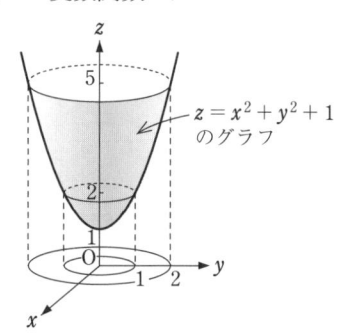

図 1.1　$z = x^2 + y^2 + 1$ のグラフ．

● 2変数関数の分類

2変数関数にもいろいろな種類がある．主な2変数関数の分類をここに書く．

関数 $\begin{cases} 実関数 \begin{cases} 代数関数 \begin{cases} 有理関数 \begin{cases} n 次関数 \\ （多項式） \end{cases} \begin{cases} 定数関数\ \ z = a \\ 1 次関数\ \ z = ax + by + c \\ 2 次関数\ \ z = ax^2 + bxy + cy^2, \cdots \\ 高次関数\ \ z = ax^3 + bx^2y + cxy^2 + dy^3, \cdots \end{cases} \\ 分数関数\ \ z = \dfrac{ax + by + c}{dx + ey + f},\ z = \dfrac{ax^2 + bxy + cy^2}{dx^2 + exy + fy^2}, \cdots \end{cases} \\ 無理関数\ \ z = \sqrt{ax + by + c},\ z = \sqrt{ax^2 + bxy + cy^2}, \cdots \end{cases} \\ 超越関数\ \ z = e^{x^2y^2},\ z = \log(x+y),\ z = \sin(x-y),\ z = \sin^{-1} xy, \cdots \end{cases} \\ 複素関数\ \ z = 2x + iy^2,\ z = e^{x+iy},\ z = \cos(x - iy), \cdots \end{cases}$

1.2 極限と連続

変数をある数値に近づけて 2 変数関数の変化の様子を調べる．

例 2 2 変数関数で変数をある数値に近づける
$$z = x^2 + y^2 + 1$$
変数 x を 1 に，y を 1 に近づけると，2 変数関数 $x^2 + y^2 + 1$ は 3 に近づく．

表 1.1　$z = x^2 + y^2 + 1$ で x と y を 1 に近づける．

x	y	$x^2 + y^2 + 1$
0.900	0.900	2.620
0.990	0.990	2.960
0.999	0.999	2.996
⋮	⋮	⋮
1	1	3
⋮	⋮	⋮
1.001	1.001	3.004
1.010	1.010	3.040
1.100	1.100	3.420

● 極限の意味と記号

一般の 2 変数関数で**極限**を考える．3 変数以上の関数でも同様である．

2 変数関数 $z = f(x, y)$ で変数 x を数値 a に，変数 y を数値 b に近づけると $(x \to a, y \to b)$，2 変数関数 $f(x, y)$ が数値 c (**極限値**) に近づく ($f(x, y) \to c$) ならば**収束**するという．次のように書く．

$$\lim_{\substack{x \to a \\ y \to b}} f(x, y) = c$$

特に $x \to a$, $y \to b$ のとき，極限値が代入 $f(a, b)$ になるならば 2 変数関数 $f(x, y)$ は点 (a, b) で**連続**という．次のように書く．

$$\lim_{\substack{x \to a \\ y \to b}} f(x, y) = f(a, b)$$

点 (a, b) で連続でない (不連続) ならば**不連続点**という．

例 3 いろいろな関数で極限を求める．

(1) $z = x^2 + y^2 + 1$
$$\lim_{\substack{x \to 1 \\ y \to 1}} (x^2 + y^2 + 1) = 3$$

$x \to 1$, $y \to 1$ のとき，極限値が代入になるので，点 $(1, 1)$ で連続である．

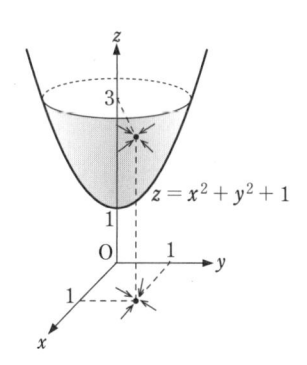

図 1.2　$z = x^2 + y^2 + 1$ と極限 $x \to 1$, $y \to 1$．

(2) $z = \dfrac{1}{x^2+y^2}$

$\displaystyle\lim_{\substack{x\to 0\\y\to 0}} \dfrac{1}{x^2+y^2} = \infty$

$x \to 0$, $y \to 0$ のとき，極限値が代入にならないので，原点 $(0,0)$ で連続でない．

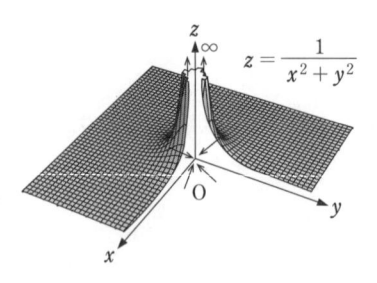

図 1.3　$z = \dfrac{1}{x^2+y^2}$ と極限 $x \to 0$, $y \to 0$.

(3) $z = \dfrac{2xy}{x^2+y^2}$

$\displaystyle\lim_{\substack{x\to 0\\y\to 0}} \dfrac{2xy}{x^2+y^2} = \begin{cases} 0 & (x\text{ 軸上，} y\text{ 軸上}) \\ 1 & (\text{直線 } y = x \text{ 上}) \\ -1 & (\text{直線 } y = -x \text{ 上}) \\ \dfrac{2k}{1+k^2} & (\text{直線 } y = kx \text{ 上}) \end{cases}$

原点に近づく方向によって値が異なるので，極限はない．

$x \to 0$, $y \to 0$ のとき，極限値が代入にならないので，原点 $(0,0)$ で連続でない．

[注意] 分母が 0 ならば連続でない．

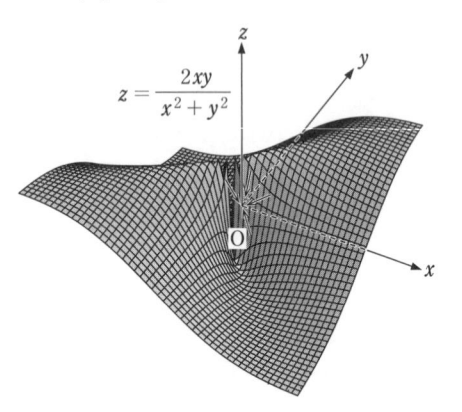

図 1.4　$z = \dfrac{2xy}{x^2+y^2}$ と極限 $x \to 0$, $y \to 0$.

1.3　偏微分

2 変数関数を微分する．

2 変数関数 $z = f(x, y)$ は各変数で微分するが，これを**偏微分**という．変数 x で偏微分するときは変数 y を定数とみなし，z_x, $(\ )_x$ などと書く．変数 y で偏微分するときは変数 x を定数とみなし，z_y, $(\ )_y$ などと書く．これらを**偏導関数**という．

例 4　2 変数関数を偏微分する．

(1) $z = 3x + 4y + 2$

$z_x = 3(x)_x + 4(y)_x = 3$

$z_y = 3(x)_y + 4(y)_y = 4$

(2) $z = x^2 + xy + y^2$

$z_x = (x^2)_x + (x)_x y + (y^2)_x = 2x + y$

$z_y = (x^2)_y + x(y)_y + (y^2)_y = x + 2y$

1 変数の 1 次方程式 $y = ax + b$ は直線を表すが，2 変数の 1 次方程式 $z = ax + by + c$ は平面を表す．

例 5 平面の方程式を偏微分する．
$$z = ax + by + c$$
平面 π の方程式を偏微分すれば平面の傾きが求まる．$z_x = a$ は平面 π の x 軸方向（線分 AP）の傾きである．$z_y = b$ は平面 π の y 軸方向（線分 AQ）の傾きである．

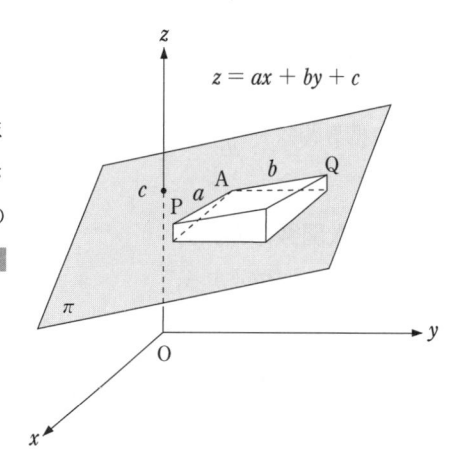

図 1.5 点 A で平面 π の傾き．

● 偏微分の意味と記号

一般の曲面で接平面の傾きを求める．

曲面 $z = f(x, y)$ 上の点 A で接平面 π の x 軸方向（線分 AP）の傾き（変数 x に関する**偏微分係数**）は $\varDelta x = h$, $\varDelta z = f(x+h, y) - f(x, y)$ とすると

$$\lim_{h \to 0} \frac{f(x+h, y) - f(x, y)}{h} = \lim_{\varDelta x \to 0} \frac{\varDelta z}{\varDelta x}$$

これを次のように書いて変数 x に関する偏導関数という．

$$\frac{\partial z}{\partial x} = z_x = f_x(x, y)$$

曲面上の点 A で接平面 π の y 軸方向（線分 AQ）の傾き（変数 y に関する偏微分係数）は $\varDelta y = h$, $\varDelta z = f(x, y+h) - f(x, y)$ とすると

$$\lim_{h \to 0} \frac{f(x, y+h) - f(x, y)}{h} = \lim_{\varDelta y \to 0} \frac{\varDelta z}{\varDelta y}$$

これを次のように書いて変数 y に関する偏導関数という．

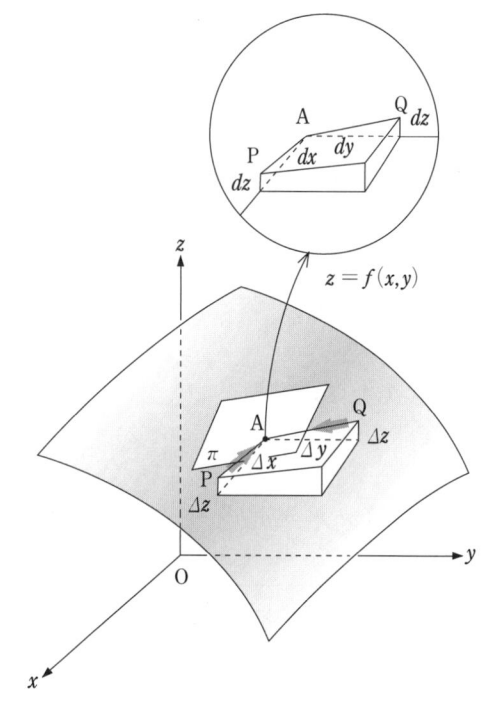

図 1.6 曲面上の点 A で接平面 π の傾き．

$$\frac{\partial z}{\partial y} = z_y = f_y(x, y)$$

$\varDelta x, \varDelta y, \varDelta z$ を増分，$\partial x, \partial y, \partial z$ を微分という．∂ は d を丸めた記号である．偏導関数を求めることを偏微分するという．3 変数以上の関数でも同様に考える．

点 A で拡大すると曲面も接平面と同じ平面に見えて来る．曲面上の 2 点 P，Q が点 A に近づくと，線分 AP の傾き $\dfrac{\varDelta z}{\varDelta x}$ と線分 AQ の傾き $\dfrac{\varDelta z}{\varDelta y}$ がそれぞれ

接平面 π の傾き $\dfrac{\partial z}{\partial x}$ と $\dfrac{\partial z}{\partial y}$ に近づく.

[注意] 偏導関数を $\dfrac{dz}{dx}$, $\dfrac{dz}{dy}$ とは書かない.

1.4　n 次関数の偏微分

n 次関数を偏微分する.

定数と 1 変数の n 次関数や関数の定数倍を微分すると次が成り立つ.

公式 1.1　定数 c と n 次関数の微分
(1)　$(c)' = 0$
(2)　$(x^n)' = nx^{n-1}$

公式 1.2　関数の定数倍の微分, k は定数
$$(kf(x))' = kf'(x)$$

ここで指数の計算についてまとめておく.

公式 1.3　0 と負と分数の指数
(1)　$a \neq 0$ のとき $a^0 = 1$, $\quad \dfrac{1}{a^n} = a^{-n}$
(2)　$a > 0$ のとき $\sqrt[n]{a} = a^{\frac{1}{n}}$, $\quad \sqrt[n]{a^m} = \sqrt[n]{a}^m = a^{\frac{m}{n}}$

公式 1.4　指数法則
(1)　$a^p a^q = a^{p+q}$　　(2)　$\dfrac{a^p}{a^q} = a^{p-q}$　　(3)　$(a^p)^q = a^{pq}$
(4)　$(ab)^p = a^p b^p$　　(5)　$\left(\dfrac{a}{b}\right)^p = \dfrac{a^p}{b^p} = a^p b^{-p}$

例題 1.1　$x^m y^n$ に変形してから, 公式 1.1, 1.2 を用いて偏微分せよ.
(1)　$z = x^4$　　(2)　$z = y^2$　　(3)　$z = x^2 y^3$
(4)　$z = \dfrac{y^4}{x^2}$　　(5)　$z = \sqrt{xy^3}$　　(6)　$z = \dfrac{x\sqrt{y}}{\sqrt{x}\,y}$

解　公式 1.3, 1.4 を用いて指数 m, n を計算してから偏微分する.
(1)　$z_x = (x^4)_x = 4x^3$, $\quad z_y = (x^4)_y = 0$
(2)　$z_x = (y^2)_x = 0$, $\quad z_y = (y^2)_y = 2y$
(3)　$z_x = (x^2)_x y^3 = 2xy^3$, $\quad z_y = x^2(y^3)_y = 3x^2 y^2$
(4)　$z = \dfrac{y^4}{x^2} = x^{-2} y^4$, $\quad z_x = (x^{-2})_x y^4 = -2x^{-3} y^4 = -\dfrac{2y^4}{x^3}$

$\qquad z_y = x^{-2}(y^4)_y = 4x^{-2} y^3 = \dfrac{4y^3}{x^2}$

(5) $z = \sqrt{xy^3} = x^{\frac{1}{2}}y^{\frac{3}{2}}, \quad z_x = (x^{\frac{1}{2}})_x y^{\frac{3}{2}} = \frac{1}{2}x^{-\frac{1}{2}}y^{\frac{3}{2}} = \frac{1}{2}\sqrt{\frac{y^3}{x}}$

$z_y = x^{\frac{1}{2}}(y^{\frac{3}{2}})_y = \frac{3}{2}x^{\frac{1}{2}}y^{\frac{1}{2}} = \frac{3}{2}\sqrt{xy}$

(6) $z = \dfrac{x\sqrt{y}}{\sqrt{x}\,y} = x^{\frac{1}{2}}y^{-\frac{1}{2}}, \quad z_x = (x^{\frac{1}{2}})_x y^{-\frac{1}{2}} = \frac{1}{2}x^{-\frac{1}{2}}y^{-\frac{1}{2}} = \frac{1}{2\sqrt{xy}}$

$z_y = x^{\frac{1}{2}}(y^{-\frac{1}{2}})_y = -\frac{1}{2}x^{\frac{1}{2}}y^{-\frac{3}{2}} = -\frac{1}{2}\sqrt{\frac{x}{y^3}}$

問 1.1 $x^m y^n$ に変形してから,公式 1.1, 1.2 を用いて偏微分せよ.

(1) $z = x^4 y^2 x^2 y^3$ (2) $z = \dfrac{x^2 y^7}{x^5 y^3}$ (3) $z = \dfrac{1}{x^3 y^5}$

(4) $z = \dfrac{(xy^2)^3}{(x^2 y^3)^2}$ (5) $z = \sqrt{x^5 y^7}$ (6) $z = \dfrac{1}{\sqrt[3]{x^{-4}}\sqrt[4]{y^{-3}}}$

(7) $z = \dfrac{y^2 \sqrt[3]{y^5}}{x \sqrt[3]{x^2}}$ (8) $z = \dfrac{\sqrt[4]{x^3}\,y}{x \sqrt[4]{y^7}}$

練習問題 1

1. $x^m y^n$ に変形してから,公式 1.1, 1.2 を用いて偏微分せよ.

(1) $z = x^3 y^2 \sqrt{x^{-5}} \sqrt[3]{y^{-4}}$ (2) $z = \dfrac{1}{x^2 y \sqrt[4]{x^{-5}} \sqrt[6]{y^{-5}}}$

(3) $z = \dfrac{(x^2 \sqrt[3]{y^{-2}})^2}{(\sqrt{x}\,y)^3}$ (4) $z = \dfrac{x^2 y}{\sqrt[3]{x^4 y^5}}$

(5) $z = \dfrac{\sqrt[4]{xy^3}}{x^2 y}$ (6) $z = \dfrac{\sqrt{x^3 y^5}}{\sqrt{x^5 y^7}}$

(7) $z = \sqrt{\dfrac{x^3 y^2}{xy^5}}$ (8) $z = \sqrt[3]{\dfrac{x^2 y^5}{x^4 y^2}}$

(9) $z = \dfrac{\sqrt{\sqrt{x}\,y}}{\sqrt{x\sqrt{y}}}$ (10) $z = \dfrac{\sqrt{\sqrt[3]{x}\sqrt{y^3}}}{\sqrt{\sqrt[3]{x^{-4}}\sqrt{y}}}$

(11) $z = \sqrt{x^3 y}\,\sqrt[4]{xy^3}$ (12) $z = \dfrac{\sqrt[3]{x^5 y^4}}{\sqrt{x^3 y^5}}$

解答

問 1.1 (1) $z_x = 6x^5 y^5, \quad z_y = 5x^6 y^4$ (2) $z_x = -\dfrac{3y^4}{x^4}, \quad z_y = \dfrac{4y^3}{x^3}$

(3) $z_x = -\dfrac{3}{x^4 y^5}, \quad z_y = -\dfrac{5}{x^3 y^6}$ (4) $z_x = -\dfrac{1}{x^2}, \quad z_y = 0$

(5) $z_x = \dfrac{5}{2}\sqrt{x^3y^7}$, $\quad z_y = \dfrac{7}{2}\sqrt{x^5y^5}$

(6) $z_x = -\dfrac{4}{3\sqrt[3]{x^7}\sqrt[4]{y^3}}$, $\quad z_y = -\dfrac{3}{4\sqrt[3]{x^4}\sqrt[4]{y^7}}$

(7) $z_x = -\dfrac{5}{3}\sqrt[3]{\dfrac{y^{11}}{x^8}}$, $\quad z_y = \dfrac{11}{3}\sqrt[3]{\dfrac{y^8}{x^5}}$

(8) $z_x = -\dfrac{1}{4\sqrt[4]{x^5y^3}}$, $\quad z_y = -\dfrac{3}{4\sqrt[4]{xy^7}}$

練習問題 1

1. (1) $z_x = \dfrac{11}{2}\sqrt{x^9}\sqrt[3]{y^{10}}$, $\quad z_y = \dfrac{10}{3}\sqrt{x^{11}}\sqrt[3]{y^7}$

(2) $z_x = -\dfrac{13}{4\sqrt[4]{x^{17}}\sqrt[6]{y^{11}}}$, $\quad z_y = -\dfrac{11}{6\sqrt[4]{x^{13}}\sqrt[6]{y^{17}}}$

(3) $z_x = \dfrac{5\sqrt{x^3}}{2\sqrt[3]{y^5}}$, $\quad z_y = -\dfrac{5\sqrt{x^5}}{3\sqrt[3]{y^8}}$

(4) $z_x = \dfrac{2}{3\sqrt[3]{xy^2}}$, $\quad z_y = -\dfrac{2}{3}\sqrt[3]{\dfrac{x^2}{y^5}}$

(5) $z_x = -\dfrac{7}{4\sqrt[4]{x^{11}y}}$, $\quad z_y = -\dfrac{1}{4\sqrt[4]{x^7y^5}}$

(6) $z_x = -\dfrac{1}{x^2y}$, $\quad z_y = -\dfrac{1}{xy^2}$

(7) $z_x = \dfrac{1}{\sqrt{y^3}}$, $\quad z_y = -\dfrac{3x}{2\sqrt{y^5}}$

(8) $z_x = -\dfrac{2y}{3\sqrt[3]{x^5}}$, $\quad z_y = \dfrac{1}{\sqrt[3]{x^2}}$

(9) $z_x = -\dfrac{1}{4}\sqrt[4]{\dfrac{y}{x^5}}$, $\quad z_y = \dfrac{1}{4\sqrt[4]{xy^3}}$

(10) $z_x = -\dfrac{1}{2}\sqrt{\dfrac{y}{x^3}}$, $\quad z_y = \dfrac{1}{2\sqrt{xy}}$

(11) $z_x = \dfrac{7}{4}\sqrt[4]{x^3y^5}$, $\quad z_y = \dfrac{5}{4}\sqrt[4]{x^7y}$

(12) $z_x = \dfrac{1}{6\sqrt[6]{x^5y^7}}$, $\quad z_y = -\dfrac{7}{6}\sqrt[6]{\dfrac{x}{y^{13}}}$

§2 関数の四則と合成関数の偏微分

いろいろな関数を組み合わせると新しい関数ができる．ここではそれらを偏微分するために関数の和，差，積，商と合成関数を偏微分する．

2.1 関数の定数倍と和や差の偏微分

関数に定数を掛けたり，関数をたしたり，引いたりして微分すると，次が成り立つ．

> **公式 2.1 関数の定数倍と和の微分**
> (1) $\{kf(x)\}' = kf'(x)$ （k は定数）
> (2) $\{f(x)+g(x)\}' = f'(x)+g'(x)$

> **例題 2.1** 公式 2.1 を用いて偏微分せよ．
> (1) $z = x^4+5x^2y^2-\dfrac{7}{y^4}$ (2) $z = (2x^2y)^3+\sqrt{3x^3y}$

解 公式 1.3, 1.4 を用いて各項を $x^m y^n$ の式にしてから，公式 1.1 により偏微分する．

(1) $z = x^4+5x^2y^2-\dfrac{7}{y^4} = x^4+5x^2y^2-7y^{-4}$

$z_x = (x^4)_x+5(x^2)_x y^2-7(y^{-4})_x = 4x^3+10xy^2$

$z_y = (x^4)_y+5x^2(y^2)_y-7(y^{-4})_y = 10x^2y+28y^{-5} = 10x^2y+\dfrac{28}{y^5}$

(2) $z = (2x^2y)^3+\sqrt{3x^3y} = 8x^6y^3+\sqrt{3}\,x^{\frac{3}{2}}y^{\frac{1}{2}}$

$z_x = 8(x^6)_x y^3+\sqrt{3}(x^{\frac{3}{2}})_x y^{\frac{1}{2}} = 48x^5y^3+\dfrac{3\sqrt{3}}{2}x^{\frac{1}{2}}y^{\frac{1}{2}} = 48x^5y^3+\dfrac{3\sqrt{3xy}}{2}$

$z_y = 8x^6(y^3)_y+\sqrt{3}\,x^{\frac{3}{2}}(y^{\frac{1}{2}})_y = 24x^6y^2+\dfrac{\sqrt{3}}{2}x^{\frac{3}{2}}y^{-\frac{1}{2}}$

$= 24x^6y^2+\dfrac{1}{2}\sqrt{\dfrac{3x^3}{y}}$

> **問 2.1** 公式 2.1 を用いて偏微分せよ．
> (1) $z = x^3+y^4$ (2) $z = 2x^5-3x^4y^2+5y^3$
> (3) $z = \dfrac{2}{xy^2}-\dfrac{3x^2}{y^3}+\dfrac{5y^4}{x^3}$ (4) $z = \sqrt{\dfrac{x^7}{y}}+\sqrt{2x^5y^3}-(3x^3y^2)^2$

2.2 関数の積の偏微分

関数を掛けて微分すると，次が成り立つ．

公式 2.2 関数の積の微分
$$\{f(x)g(x)\}' = f'(x)g(x)+f(x)g'(x)$$

例題 2.2 公式 2.2 を用いて偏微分せよ．
(1) $z = (xy^2+1)(x^2+y)$ (2) $z = \left(\dfrac{y}{x}+3\right)\left(\dfrac{x^2}{y^2}-1\right)$

解 関数を1つずつ順に公式 1.1 により偏微分する．

(1) $z_x = \{(xy^2+1)(x^2+y)\}_x = (xy^2+1)_x(x^2+y)+(xy^2+1)(x^2+y)_x$
$ = y^2(x^2+y)+(xy^2+1)2x = x^2y^2+y^3+2x^2y^2+2x$
$ = 3x^2y^2+y^3+2x$

$z_y = \{(xy^2+1)(x^2+y)\}_y = (xy^2+1)_y(x^2+y)+(xy^2+1)(x^2+y)_y$
$ = 2xy(x^2+y)+xy^2+1 = 2x^3y+2xy^2+xy^2+1 = 2x^3y+3xy^2+1$

(2) $z = \left(\dfrac{y}{x}+3\right)\left(\dfrac{x^2}{y^2}-1\right) = (x^{-1}y+3)(x^2y^{-2}-1)$

$z_x = \{(x^{-1}y+3)(x^2y^{-2}-1)\}_x$
$ = (x^{-1}y+3)_x(x^2y^{-2}-1)+(x^{-1}y+3)(x^2y^{-2}-1)_x$
$ = -x^{-2}y(x^2y^{-2}-1)+(x^{-1}y+3)2xy^{-2}$
$ = -y^{-1}+x^{-2}y+2y^{-1}+6xy^{-2} = \dfrac{1}{y}+\dfrac{y}{x^2}+\dfrac{6x}{y^2}$

$z_y = \{(x^{-1}y+3)(x^2y^{-2}-1)\}_y$
$ = (x^{-1}y+3)_y(x^2y^{-2}-1)+(x^{-1}y+3)(x^2y^{-2}-1)_y$
$ = x^{-1}(x^2y^{-2}-1)+(x^{-1}y+3)(-2x^2y^{-3})$
$ = xy^{-2}-x^{-1}-2xy^{-2}-6x^2y^{-3} = -\dfrac{1}{x}-\dfrac{x}{y^2}-\dfrac{6x^2}{y^3}$

問 2.2 公式 2.2 を用いて偏微分せよ．
(1) $z = (3x+4y)(2x-5y+1)$ (2) $z = (x^4+y^2)(x^2+y^3)$
(3) $z = \left(\dfrac{3}{x}-\dfrac{2}{y}\right)\left(\dfrac{y}{x^2}+\dfrac{x}{y}\right)$ (4) $z = (\sqrt{x^3y}-1)\left(\sqrt{\dfrac{y^3}{x}}+2\right)$

[注意] 2つの関数を同時に微分できない．正しくは例題 2.2 (1) を見よ．
$$\{(xy^2+1)(x^2+y)\}_x = (xy^2+1)_x(x^2+y)_x = y^2 2x \quad \text{✗}$$

2.3 関数の商の偏微分

関数で割った商や分数を微分すると，次が成り立つ．

公式 2.3 関数の商，分数の微分

(1) $\left\{\dfrac{f(x)}{g(x)}\right\}' = \dfrac{f'(x)g(x)-f(x)g'(x)}{g(x)^2}$

(2) $\left\{\dfrac{1}{g(x)}\right\}' = -\dfrac{g'(x)}{g(x)^2}$

例題 2.3 公式 2.3 を用いて偏微分せよ．

(1) $z = \dfrac{x-y}{3x+2y}$ (2) $z = \dfrac{7}{4x-3y}$

解 関数の商を分子，分母の順に公式 1.1 により偏微分する．

(1) $z_x = \left(\dfrac{x-y}{3x+2y}\right)_x = \dfrac{(x-y)_x(3x+2y)-(x-y)(3x+2y)_x}{(3x+2y)^2}$

$= \dfrac{3x+2y-(x-y)3}{(3x+2y)^2} = \dfrac{3x+2y-3x+3y}{(3x+2y)^2} = \dfrac{5y}{(3x+2y)^2}$

$z_y = \left(\dfrac{x-y}{3x+2y}\right)_y = \dfrac{(x-y)_y(3x+2y)-(x-y)(3x+2y)_y}{(3x+2y)^2}$

$= \dfrac{-(3x+2y)-(x-y)2}{(3x+2y)^2} = \dfrac{-3x-2y-2x+2y}{(3x+2y)^2} = -\dfrac{5x}{(3x+2y)^2}$

(2) $z_x = \left(\dfrac{7}{4x-3y}\right)_x = -\dfrac{7(4x-3y)_x}{(4x-3y)^2} = -\dfrac{28}{(4x-3y)^2}$

$z_y = \left(\dfrac{7}{4x-3y}\right)_y = -\dfrac{7(4x-3y)_y}{(4x-3y)^2} = \dfrac{21}{(4x-3y)^2}$

問 2.3 公式 2.3 を用いて偏微分せよ．

(1) $z = \dfrac{5}{x^2+3y}$ (2) $z = \dfrac{3xy}{2x-5y}$

(3) $z = \dfrac{6x+5y}{4x-7y}$ (4) $z = \dfrac{2x-y}{x^2+2y^2}$

注意 1 2つの関数を同時に微分できない．正しくは例題 2.3 (1) を見よ．

$\left(\dfrac{x-y}{3x+2y}\right)_x = \dfrac{(x-y)_x}{(3x+2y)_x} = \dfrac{1}{3}$ ✗

注意 2 分母が1つならば分子を分けて，次のように計算する．詳しくは例題 2.1 (1) を見よ．

$z = \dfrac{x^6y^4+5x^4y^6-7x^2}{x^2y^4} = x^4+5x^2y^2-7y^{-4}$

$z_x = 4x^3+10xy^2, \quad z_y = 10x^2y+\dfrac{28}{y^5}$

2.4 合成関数の偏微分

合成して作った関数を微分すると，次が成り立つ．

公式 2.4 合成関数の微分

合成関数 $y = f(g(x))$ で
$$y' = f'(g(x))g'(x)$$
または $u = g(x)$ とすると
$$\frac{dy}{dx} = \frac{dy}{du}\frac{du}{dx}$$

例題 2.4 公式 2.4 を用いて偏微分せよ．

(1) $z = (3x-2y)^4$ (2) $z = \dfrac{1}{(x^2+y)^2}$ (3) $z = \sqrt{x^2-y^2}$

解 合成関数を外側から1つずつ公式1.1により偏微分する．変数 u を用いないで計算する．

(1) $z_x = \{(3x-2y)^4\}_x = 4(3x-2y)^3(3x-2y)_x = 12(3x-2y)^3$
$z_y = \{(3x-2y)^4\}_y = 4(3x-2y)^3(3x-2y)_y = -8(3x-2y)^3$

(2) $z = \dfrac{1}{(x^2+y)^2} = (x^2+y)^{-2}$

$z_x = \{(x^2+y)^{-2}\}_x = -2(x^2+y)^{-3}(x^2+y)_x = -\dfrac{4x}{(x^2+y)^3}$

$z_y = \{(x^2+y)^{-2}\}_y = -2(x^2+y)^{-3}(x^2+y)_y = -\dfrac{2}{(x^2+y)^3}$

(3) $z = \sqrt{x^2-y^2} = (x^2-y^2)^{\frac{1}{2}}$

$z_x = \{(x^2-y^2)^{\frac{1}{2}}\}_x = \dfrac{1}{2}(x^2-y^2)^{-\frac{1}{2}}(x^2-y^2)_x = \dfrac{x}{\sqrt{x^2-y^2}}$

$z_y = \{(x^2-y^2)^{\frac{1}{2}}\}_y = \dfrac{1}{2}(x^2-y^2)^{-\frac{1}{2}}(x^2-y^2)_y = -\dfrac{y}{\sqrt{x^2-y^2}}$

問 2.4 公式 2.4 を用いて偏微分せよ．

(1) $z = (x^3+2y^3)^2$ (2) $z = \dfrac{2}{(2x^2-3xy+y^2)^3}$

(3) $z = \sqrt{4x-3y}$ (4) $z = \dfrac{4}{\sqrt{x^4+x^2y^2-y^4}}$

注意 公式 2.4 では合成関数を外側から1つずつ，すべて微分する．次のようにしない．正しくは例題 2.4 (1) を見よ．

(1) $\{(3x-2y)^4\}_x = 4(3)^3$ ✗

　　　$(\ )^4$ と $(3x-2y)$ を2つ同時に微分している．

(2) $\{(3x-2y)^4\}_x = 4(3x-2y)^3$ ✗

( )^4 だけを微分している．$(3x-2y)$ を微分していない．

(3) $\{(3x-2y)^4\}_x = (3)^4$ ✗

$(3x-2y)$ だけを微分している．( )^4 を微分していない．

練習問題 2

1. 公式 2.1〜2.4 を用いて偏微分せよ．

(1) $z = \dfrac{2}{\sqrt{x^3y}} + \dfrac{4}{\sqrt[3]{xy^2}} - \dfrac{6}{\sqrt[4]{x^3y^5}}$

(2) $z = x^3y^2\left(x^2y^4 + 3 - \dfrac{1}{x^4y^5}\right)$

(3) $z = \sqrt{xy}\left(x^2y + \dfrac{2}{xy^2}\right)$

(4) $z = \dfrac{3x^4y^3 - 4x^3y^2 + 1}{2xy^2}$

(5) $z = (x-y^2)(x^2+y)$

(6) $z = (x^2+y^2)(3x+2y)$

(7) $z = \left(\dfrac{1}{\sqrt[3]{x}} + \dfrac{2}{\sqrt[3]{y^2}}\right)(\sqrt[3]{x^2} + \sqrt[3]{y})$

(8) $z = \left(\dfrac{1}{\sqrt{xy^3}} + x^2y\right)\left(x^2\sqrt{y^5} - \dfrac{1}{x\sqrt{y}}\right)$

(9) $z = \dfrac{4}{3x^2+2y^2}$

(10) $z = \dfrac{x^2-y^2}{x^2+y^2}$

(11) $z = \dfrac{x^2+xy+y^2}{x^2-xy+y^2}$

(12) $z = \dfrac{\sqrt{x}-\sqrt{y}}{\sqrt{x}+\sqrt{y}}$

(13) $z = 2(4x^2-3xy+2y^2)^5$

(14) $z = \dfrac{4}{(-x^3+2x^2y-3xy^2+y^3)^4}$

(15) $z = \sqrt[3]{5x^2+3xy+y^2}$

(16) $z = \dfrac{5}{\sqrt{x^2-xy-y^2}^3}$

(17) $z = (y-x)(y+x)^4$

(18) $z = \dfrac{\sqrt{x+y}}{x-y}$

(19) $z = \sqrt{x-5y}\sqrt{3x+y}$

(20) $z = \sqrt{\dfrac{3x-2y}{4x+y}}$

解答

問 2.1 (1) $z_x = 3x^2,\quad z_y = 4y^3$

(2) $z_x = 10x^4 - 12x^3y^2,\quad z_y = -6x^4y + 15y^2$

(3) $z_x = -\dfrac{2}{x^2y^2} - \dfrac{6x}{y^3} - \dfrac{15y^4}{x^4},\quad z_y = -\dfrac{4}{xy^3} + \dfrac{9x^2}{y^4} + \dfrac{20y^3}{x^3}$

(4) $z_x = \dfrac{7}{2}\sqrt{\dfrac{x^5}{y}} + 5\sqrt{\dfrac{x^3y^3}{2}} - 54x^5y^4$

$$z_y = -\frac{1}{2}\sqrt{\frac{x^7}{y^3}} + 3\sqrt{\frac{x^5 y}{2}} - 36x^6 y^3$$

問 2.2 (1) $z_x = 12x - 7y + 3$, $z_y = -7x - 40y + 4$

(2) $z_x = 6x^5 + 4x^3 y^3 + 2xy^2$, $z_y = 2x^2 y + 3x^4 y^2 + 5y^4$

(3) $z_x = -\dfrac{9y}{x^4} + \dfrac{4}{x^3} - \dfrac{2}{y^2}$, $z_y = \dfrac{4x}{y^3} + \dfrac{3}{x^3} - \dfrac{3}{y^2}$

(4) $z_x = y^2 + 3\sqrt{xy} + \dfrac{1}{2}\sqrt{\dfrac{y^3}{x^3}}$, $z_y = 2xy + \sqrt{\dfrac{x^3}{y}} - \dfrac{3}{2}\sqrt{\dfrac{y}{x}}$

問 2.3 (1) $z_x = -\dfrac{10x}{(x^2+3y)^2}$, $z_y = -\dfrac{15}{(x^2+3y)^2}$

(2) $z_x = -\dfrac{15y^2}{(2x-5y)^2}$, $z_y = \dfrac{6x^2}{(2x-5y)^2}$

(3) $z_x = -\dfrac{62y}{(4x-7y)^2}$, $z_y = \dfrac{62x}{(4x-7y)^2}$

(4) $z_x = \dfrac{-2x^2 + 2xy + 4y^2}{(x^2+2y^2)^2}$, $z_y = \dfrac{-x^2 - 8xy + 2y^2}{(x^2+2y^2)^2}$

問 2.4 (1) $z_x = 6x^2(x^3+2y^3)$, $z_y = 12y^2(x^3+2y^3)$

(2) $z_x = -\dfrac{6(4x-3y)}{(2x^2-3xy+y^2)^4}$, $z_y = -\dfrac{6(-3x+2y)}{(2x^2-3xy+y^2)^4}$

(3) $z_x = \dfrac{2}{\sqrt{4x-3y}}$, $z_y = -\dfrac{3}{2\sqrt{4x-3y}}$

(4) $z_x = -\dfrac{4(2x^3+xy^2)}{\sqrt{x^4+x^2y^2-y^4}^3}$, $z_y = -\dfrac{4(x^2y - 2y^3)}{\sqrt{x^4+x^2y^2-y^4}^3}$

練習問題 2

1. (1) $z_x = -\dfrac{3}{\sqrt{x^5 y}} - \dfrac{4}{3\sqrt[3]{x^4 y^2}} + \dfrac{9}{2\sqrt[4]{x^7 y^5}}$

$z_y = -\dfrac{1}{\sqrt{x^3 y^3}} - \dfrac{8}{3\sqrt[3]{xy^5}} + \dfrac{15}{2\sqrt[4]{x^3 y^9}}$

(2) $z_x = 5x^4 y^6 + 9x^2 y^2 + \dfrac{1}{x^2 y^3}$, $z_y = 6x^5 y^5 + 6x^3 y + \dfrac{3}{xy^4}$

(3) $z_x = \dfrac{5}{2}\sqrt{x^3 y^3} - \dfrac{1}{\sqrt{x^3 y^3}}$, $z_y = \dfrac{3}{2}\sqrt{x^5 y} - \dfrac{3}{\sqrt{xy^5}}$

(4) $z_x = \dfrac{9}{2}x^2 y - 4x - \dfrac{1}{2x^2 y^2}$, $z_y = \dfrac{3}{2}x^3 - \dfrac{1}{xy^3}$

(5) $z_x = 3x^2 - 2xy^2 + y$, $z_y = x - 2x^2 y - 3y^2$

(6) $z_x = 9x^2 + 4xy + 3y^2$, $z_y = 2x^2 + 6xy + 6y^2$

(7) $z_x = \dfrac{1}{3\sqrt[3]{x^2}} - \dfrac{1}{3}\sqrt[3]{\dfrac{y}{x^4}} + \dfrac{4}{3\sqrt[3]{xy^2}}$, $z_y = -\dfrac{4}{3}\sqrt[3]{\dfrac{x^2}{y^5}} + \dfrac{1}{3\sqrt[3]{xy^2}} - \dfrac{2}{3\sqrt[3]{y^4}}$

(8) $z_x = \dfrac{3}{2}\sqrt{x}\,y + 4x^3\sqrt{y^7} + \dfrac{3}{2\sqrt{x^5}\,y^2} - \sqrt{y}$

$z_y = \sqrt{x^3} + \dfrac{7}{2}x^4\sqrt{y^5} + \dfrac{2}{\sqrt{x^3}\,y^3} - \dfrac{x}{2\sqrt{y}}$

(9) $z_x = -\dfrac{24x}{(3x^2+2y^2)^2}$, $z_y = -\dfrac{16y}{(3x^2+2y^2)^2}$

(10) $z_x = \dfrac{4xy^2}{(x^2+y^2)^2}, \quad z_y = -\dfrac{4x^2y}{(x^2+y^2)^2}$

(11) $z_x = \dfrac{-2x^2y+2y^3}{(x^2-xy+y^2)^2}, \quad z_y = \dfrac{2x^3-2xy^2}{(x^2-xy+y^2)^2}$

(12) $z_x = \dfrac{\sqrt{y}}{\sqrt{x}(\sqrt{x}+\sqrt{y})^2}, \quad z_y = -\dfrac{\sqrt{x}}{\sqrt{y}(\sqrt{x}+\sqrt{y})^2}$

(13) $z_x = 10(4x^2-3xy+2y^2)^4(8x-3y)$
    $z_y = 10(4x^2-3xy+2y^2)^4(-3x+4y)$

(14) $z_x = -\dfrac{16(-3x^2+4xy-3y^2)}{(-x^3+2x^2y-3xy^2+y^3)^5}, \quad z_y = -\dfrac{16(2x^2-6xy+3y^2)}{(-x^3+2x^2y-3xy^2+y^3)^5}$

(15) $z_x = \dfrac{10x+3y}{3\sqrt[3]{5x^2+3xy+y^2}^{\,2}}, \quad z_y = \dfrac{3x+2y}{3\sqrt[3]{5x^2+3xy+y^2}^{\,2}}$

(16) $z_x = -\dfrac{15(2x-y)}{2\sqrt{x^2-xy-y^2}^{\,5}}, \quad z_y = \dfrac{15(x+2y)}{2\sqrt{x^2-xy-y^2}^{\,5}}$

(17) $z_x = (3y-5x)(y+x)^3, \quad z_y = (5y-3x)(y+x)^3$

(18) $z_x = -\dfrac{x+3y}{2(x-y)^2\sqrt{x+y}}, \quad z_y = \dfrac{3x+y}{2(x-y)^2\sqrt{x+y}}$

(19) $z_x = \dfrac{3x-7y}{\sqrt{x-5y}\sqrt{3x+y}}, \quad z_y = -\dfrac{7x+5y}{\sqrt{x-5y}\sqrt{3x+y}}$

(20) $z_x = \dfrac{11y}{2\sqrt{3x-2y}\sqrt{4x+y}^{\,3}}, \quad z_y = -\dfrac{11x}{2\sqrt{3x-2y}\sqrt{4x+y}^{\,3}}$

§3 指数関数と対数関数の偏微分

指数や対数を用いて作った指数関数や対数関数を取り上げる．ここでは 2 変数の指数関数と対数関数を偏微分する．

3.1 指数関数の偏微分

指数関数を微分すると，次が成り立つ．

公式 3.1　指数関数の微分

(1)　$(e^x)' = e^x$　　(2)　$(a^x)' = a^x \log a$

§1 でも触れた指数の性質をまとめておく．

公式 3.2　0 と負と分数の指数

(1)　$a \neq 0$ のとき　$a^0 = 1, \; \dfrac{1}{a^n} = a^{-n}$

(2)　$a > 0$ のとき　$\sqrt[n]{a} = a^{\frac{1}{n}}, \; \sqrt[n]{a^m} = \sqrt[n]{a}^m = a^{\frac{m}{n}}$

公式 3.3　指数法則

(1)　$a^p a^q = a^{p+q}$　　(2)　$\dfrac{a^p}{a^q} = a^{p-q}$　　(3)　$(a^p)^q = a^{pq}$

(4)　$(ab)^p = a^p b^p$　　(5)　$\left(\dfrac{a}{b}\right)^p = \dfrac{a^p}{b^p} = a^p b^{-p}$

[注意]　指数法則は正しく使う．
$$a^6 \neq a^2 \times a^3 = a^5, \quad a^3 \neq \dfrac{a^6}{a^2} = a^4$$

例題 3.1　e^{ax+by} に変形してから，公式 2.4, 3.1 を用いて偏微分せよ．

(1)　$z = e^{2x} e^{2y} e^{3x} e^y$　　(2)　$z = \dfrac{\sqrt{e^x}\sqrt{e^{3y}}}{e^{y-x}}$

解　公式 3.2, 3.3 を用いて指数を計算してから偏微分する．

(1)　$z = e^{2x} e^{2y} e^{3x} e^y = e^{5x+3y}$

$z_x = (e^{5x+3y})_x = e^{5x+3y}(5x+3y)_x = 5e^{5x+3y}$

$z_y = (e^{5x+3y})_y = e^{5x+3y}(5x+3y)_y = 3e^{5x+3y}$

(2) $z = \dfrac{\sqrt{e^x}\sqrt{e^{3y}}}{e^{y-x}} = e^{\frac{x}{2}}e^{\frac{3}{2}y}e^{x-y} = e^{\frac{3}{2}x+\frac{1}{2}y}$

$z_x = \left(e^{\frac{3}{2}x+\frac{1}{2}y}\right)_x = e^{\frac{3}{2}x+\frac{1}{2}y}\left(\dfrac{3}{2}x+\dfrac{1}{2}y\right)_x = \dfrac{3}{2}e^{\frac{3}{2}x+\frac{1}{2}y}$

$z_y = \left(e^{\frac{3}{2}x+\frac{1}{2}y}\right)_y = e^{\frac{3}{2}x+\frac{1}{2}y}\left(\dfrac{3}{2}x+\dfrac{1}{2}y\right)_y = \dfrac{1}{2}e^{\frac{3}{2}x+\frac{1}{2}y}$

問 3.1 e^{ax+by} に変形してから公式 2.4, 3.1 を用いて偏微分せよ.

(1) $z = e^{2x}e^{3y}e^{x-y}$ (2) $z = \dfrac{e^{x+3y}}{e^{5x}e^{2y}}$

(3) $z = e^{3x}e^{-2y}\sqrt{e^{5x+7y}}$ (4) $z = \dfrac{e^{x+4y}}{\sqrt{e^{3x}e^{5y}}}$

例題 3.2 公式 2.1〜2.4, 3.1 を用いて偏微分せよ.

(1) $z = (x^2-y^2)e^{x+2y}$ (2) $z = \dfrac{e^{xy}}{x-y}$

(3) $z = (e^{2x-3y}+1)^4$

解 まず公式 2.1〜2.4 を用いてから，公式 3.1 により偏微分する.
(1) 公式 2.2 より

$\begin{aligned}z_x &= \{(x^2-y^2)e^{x+2y}\}_x \\ &= (x^2-y^2)_x e^{x+2y}+(x^2-y^2)(e^{x+2y})_x \\ &= 2xe^{x+2y}+(x^2-y^2)e^{x+2y}(x+2y)_x \\ &= 2xe^{x+2y}+(x^2-y^2)e^{x+2y} = (x^2+2x-y^2)e^{x+2y}\end{aligned}$

$\begin{aligned}z_y &= \{(x^2-y^2)e^{x+2y}\}_y \\ &= (x^2-y^2)_y e^{x+2y}+(x^2-y^2)(e^{x+2y})_y \\ &= -2ye^{x+2y}+(x^2-y^2)e^{x+2y}(x+2y)_y \\ &= -2ye^{x+2y}+2(x^2-y^2)e^{x+2y} = 2(x^2-y-y^2)e^{x+2y}\end{aligned}$

(2) 公式 2.3 より

$z_x = \left(\dfrac{e^{xy}}{x-y}\right)_x = \dfrac{(e^{xy})_x(x-y)-e^{xy}(x-y)_x}{(x-y)^2}$

$= \dfrac{e^{xy}(xy)_x(x-y)-e^{xy}}{(x-y)^2}$

$= \dfrac{e^{xy}y(x-y)-e^{xy}}{(x-y)^2} = \dfrac{e^{xy}(xy-y^2-1)}{(x-y)^2}$

$z_y = \left(\dfrac{e^{xy}}{x-y}\right)_y = \dfrac{(e^{xy})_y(x-y)-e^{xy}(x-y)_y}{(x-y)^2}$

$= \dfrac{e^{xy}(xy)_y(x-y)+e^{xy}}{(x-y)^2}$

$$= \frac{e^{xy}x(x-y)+e^{xy}}{(x-y)^2} = \frac{e^{xy}(x^2-xy+1)}{(x-y)^2}$$

(3) 公式 2.4 より
$$z_x = \{(e^{2x-3y}+1)^4\}_x = 4(e^{2x-3y}+1)^3(e^{2x-3y}+1)_x$$
$$= 4(e^{2x-3y}+1)^3 e^{2x-3y}(2x-3y)_x = 8(e^{2x-3y}+1)^3 e^{2x-3y}$$
$$z_y = \{(e^{2x-3y}+1)^4\}_y = 4(e^{2x-3y}+1)^3(e^{2x-3y}+1)_y$$
$$= 4(e^{2x-3y}+1)^3 e^{2x-3y}(2x-3y)_y = -12(e^{2x-3y}+1)^3 e^{2x-3y}$$

問 3.2 公式 2.1〜2.4, 3.1 を用いて偏微分せよ.

(1) $z = (x^2-y^2)(e^x+e^{2y})$ (2) $z = e^{3x}(e^{2y}+e^{4y-x})$

(3) $z = \dfrac{e^{3y+x}}{x-2y}$ (4) $z = \dfrac{5x+y}{e^{2x}+e^{3y}}$

(5) $z = e^{x^2 y^3}$ (6) $z = \dfrac{1}{\sqrt{e^{3x}+6e^{5y}}}$

3.2 対数関数の偏微分

対数関数を微分すると,次式が成り立つ.

公式 3.4 対数関数の微分

(1) $(\log x)' = \dfrac{1}{x}$ (2) $(\log_a x)' = \dfrac{1}{x \log a}$

指数から作った対数では指数法則に対応する次の公式が成り立つ.

公式 3.5 対数法則

(1) $\log 1 = 0$ (2) $\log e = 1$

(3) $\log ab = \log a + \log b$ (4) $\log \dfrac{a}{b} = \log a - \log b$

(5) $\log a^b = b \log a$ (6) $\log_a b = \dfrac{\log b}{\log a}$

(7) $\log e^a = a$ (8) $e^{b \log a} = a^b$

[注意] 対数法則は正しく使う.
$$\log(a+b) \neq \log a + \log b = \log ab,$$
$$\log(a-b) \neq \log a - \log b = \log \frac{a}{b}$$

例題 3.3 $\log(x+a)$ や $\log(y+b)$ の式にしてから,公式 2.4, 3.4 を用いて偏微分せよ.

(1) $z = \log 6(x+1)(y-2)$ (2) $z = \log \dfrac{\sqrt{y-3}}{(x+4)^2}$

[解] 公式 3.5 を用いて対数を計算してから偏微分する.

(1) $z = \log 6(x+1)(y-2) = \log 6 + \log(x+1) + \log(y-2)$

$$z_x = (\log 6)_x + \{\log(x+1)\}_x + \{\log(y-2)\}_x = \frac{(x+1)_x}{x+1} = \frac{1}{x+1}$$

$$z_y = (\log 6)_y + \{\log(x+1)\}_y + \{\log(y-2)\}_y = \frac{(y-2)_y}{y-2} = \frac{1}{y-2}$$

(2) $z = \log \dfrac{\sqrt{y-3}}{(x+4)^2} = \log(y-3)^{\frac{1}{2}} - \log(x+4)^2$

$$= \frac{1}{2}\log(y-3) - 2\log(x+4)$$

$$z_x = \frac{1}{2}\{\log(y-3)\}_x - 2\{\log(x+4)\}_x = -\frac{2(x+4)_x}{x+4} = -\frac{2}{x+4}$$

$$z_y = \frac{1}{2}\{\log(y-3)\}_y - 2\{\log(x+4)\}_y = \frac{(y-3)_y}{2(y-3)} = \frac{1}{2(y-3)}$$

問 3.3 $\log(x+a)$ や $\log(y+b)$ の式にしてから，公式 2.4, 3.4 を用いて偏微分せよ．

(1) $z = \log \dfrac{5(y+2)}{3(x-1)}$ (2) $z = \log \dfrac{1}{2(x+3)(y-4)}$

(3) $z = \log(x-5)^4(y+6)^3$ (4) $z = \log \dfrac{\sqrt[4]{y-8}^5}{\sqrt{x+7}^3}$

例題 3.4 公式 2.1〜2.4, 3.4 を用いて偏微分せよ．

(1) $z = (y^2 - x^2)\log(2x+y)$ (2) $z = \dfrac{\log(1+xy)}{x+y}$

(3) $z = \{\log(2x+3y) + 1\}^3$

解 まず公式 2.1〜2.4 を用いてから公式 3.4 により偏微分する．

(1) 公式 2.2 より

$$z_x = \{(y^2 - x^2)\log(2x+y)\}_x$$
$$= (y^2 - x^2)_x \log(2x+y) + (y^2 - x^2)\{\log(2x+y)\}_x$$
$$= -2x\log(2x+y) + (y^2 - x^2)\frac{(2x+y)_x}{2x+y}$$
$$= -2x\log(2x+y) + \frac{2(y^2 - x^2)}{2x+y}$$

$$z_y = \{(y^2 - x^2)\log(2x+y)\}_y$$
$$= (y^2 - x^2)_y \log(2x+y) + (y^2 - x^2)\{\log(2x+y)\}_y$$
$$= 2y\log(2x+y) + (y^2 - x^2)\frac{(2x+y)_y}{2x+y}$$
$$= 2y\log(2x+y) + \frac{y^2 - x^2}{2x+y}$$

3.2 対数関数の偏微分

(2) 公式 2.3 より

$$z_x = \left\{\frac{\log(1+xy)}{x+y}\right\}_x$$

$$= \frac{\{\log(1+xy)\}_x(x+y) - \log(1+xy)(x+y)_x}{(x+y)^2}$$

$$= \frac{\dfrac{(1+xy)_x}{1+xy}(x+y) - \log(1+xy)}{(x+y)^2}$$

$$= \frac{y(x+y) - (1+xy)\log(1+xy)}{(1+xy)(x+y)^2}$$

$$z_y = \left\{\frac{\log(1+xy)}{x+y}\right\}_y$$

$$= \frac{\{\log(1+xy)\}_y(x+y) - \log(1+xy)(x+y)_y}{(x+y)^2}$$

$$= \frac{\dfrac{(1+xy)_y}{1+xy}(x+y) - \log(1+xy)}{(x+y)^2}$$

$$= \frac{x(x+y) - (1+xy)\log(1+xy)}{(1+xy)(x+y)^2}$$

(3) 公式 2.4 より

$$z_x = [\{\log(2x+3y)+1\}^3]_x$$

$$= 3\{\log(2x+3y)+1\}^2\{\log(2x+3y)+1\}_x$$

$$= \frac{3\{\log(2x+3y)+1\}^2(2x+3y)_x}{2x+3y} = \frac{6\{\log(2x+3y)+1\}^2}{2x+3y}$$

$$z_y = [\{\log(2x+3y)+1\}^3]_y$$

$$= 3\{\log(2x+3y)+1\}^2\{\log(2x+3y)+1\}_y$$

$$= \frac{3\{\log(2x+3y)+1\}^2(2x+3y)_y}{2x+3y} = \frac{9\{\log(2x+3y)+1\}^2}{2x+3y}$$

問 3.4 公式 2.1〜2.4，3.4 を用いて偏微分せよ．

(1) $z = 2x^2y^2\log(2x+3y)$

(2) $z = (\log y + \log x)(\log y - \log x)$

(3) $z = \dfrac{\log(2x-y)}{xy-1}$ (4) $z = \dfrac{y-x}{\log(x+2y)}$

(5) $z = \log(x^2+y^3-1)$ (6) $z = \dfrac{1}{(3\log x + 2\log y)^2}$

3.3 対数微分法

積や商や指数の式で表された関数は，公式 3.5 により分解して偏微分する．

例 1 公式 3.5 を用いて偏微分する．

$$z = \log\sqrt{\frac{(x+y)^2(x^2+y^2)^3}{(x^3+xy-y^3)^4}} = \log\left\{\frac{(x+y)^2(x^2+y^2)^3}{(x^3+xy-y^3)^4}\right\}^{\frac{1}{2}}$$

$$= \log(x+y) + \frac{3}{2}\log(x^2+y^2) - 2\log(x^3+xy-y^3)$$

$$z_x = \{\log(x+y)\}_x + \frac{3}{2}\{\log(x^2+y^2)\}_x - 2\{\log(x^3+xy-y^3)\}_x$$

$$= \frac{(x+y)_x}{x+y} + \frac{3}{2}\frac{(x^2+y^2)_x}{x^2+y^2} - 2\frac{(x^3+xy-y^3)_x}{x^3+xy-y^3}$$

$$= \frac{1}{x+y} + \frac{3x}{x^2+y^2} - \frac{6x^2+2y}{x^3+xy-y^3}$$

$$z_y = \{\log(x+y)\}_y + \frac{3}{2}\{\log(x^2+y^2)\}_y - 2\{\log(x^3+xy-y^3)\}_y$$

$$= \frac{(x+y)_y}{x+y} + \frac{3}{2}\frac{(x^2+y^2)_y}{x^2+y^2} - 2\frac{(x^3+xy-y^3)_y}{x^3+xy-y^3}$$

$$= \frac{1}{x+y} + \frac{3y}{x^2+y^2} - \frac{2x-6y^2}{x^3+xy-y^3}$$

対数 (log) を含まない式でも対数を利用すれば微分の計算が易しくなる．このときは次の方法がある．

公式 3.6 対数微分法

$$z = f(x,y)^l g(x,y)^m h(x,y)^n$$

のとき，両辺に log を書いて公式 3.5 により右辺を整理すると

$$\log z = \log\{f(x,y)^l g(x,y)^m h(x,y)^n\}$$
$$= l\log f(x,y) + m\log g(x,y) + n\log h(x,y)$$

公式 2.4, 3.4 を用いて両辺を偏微分すると

$$\frac{z_x}{z} = l\frac{f_x(x,y)}{f(x,y)} + m\frac{g_x(x,y)}{g(x,y)} + n\frac{h_x(x,y)}{h(x,y)}$$

$$z_x = f(x,y)^l g(x,y)^m h(x,y)^n$$
$$\times \left\{l\frac{f_x(x,y)}{f(x,y)} + m\frac{g_x(x,y)}{g(x,y)} + n\frac{h_x(x,y)}{h(x,y)}\right\}$$

$$\frac{z_y}{z} = l\frac{f_y(x,y)}{f(x,y)} + m\frac{g_y(x,y)}{g(x,y)} + n\frac{h_y(x,y)}{h(x,y)}$$

$$z_y = f(x,y)^l g(x,y)^m h(x,y)^n$$
$$\times \left\{l\frac{f_y(x,y)}{f(x,y)} + m\frac{g_y(x,y)}{g(x,y)} + n\frac{h_y(x,y)}{h(x,y)}\right\}$$

[解説] log を書き，公式 3.5 により積や商や指数を分解して偏微分する．

[例2] 公式 3.6 を用いて偏微分する．
$$z = \sqrt{\frac{(x+y)^2(x^2+y^2)^3}{(x^3+xy-y^3)^4}}$$

両辺に log を書いて公式 3.5 により右辺に整理すると，例1より

$$\log z = \log \sqrt{\frac{(x+y)^2(x^2+y^2)^3}{(x^3+xy-y^3)^4}} = \log \left\{\frac{(x+y)^2(x^2+y^2)^3}{(x^3+xy-y^3)^4}\right\}^{\frac{1}{2}}$$

$$= \log(x+y) + \frac{3}{2}\log(x^2+y^2) - 2\log(x^3+xy-y^3)$$

公式 2.4, 3.4 を用いて両辺を偏微分すると，例1より

$$\frac{z_x}{z} = \{\log(x+y)\}_x + \frac{3}{2}\{\log(x^2+y^2)\}_x - 2\{\log(x^3+xy-y^3)\}_x$$

$$= \frac{(x+y)_x}{x+y} + \frac{3}{2}\frac{(x^2+y^2)_x}{x^2+y^2} - 2\frac{(x^3+xy-y^3)_x}{x^3+xy-y^3}$$

$$= \frac{1}{x+y} + \frac{3x}{x^2+y^2} - \frac{6x^2+2y}{x^3+xy-y^3}$$

$$z_x = \sqrt{\frac{(x+y)^2(x^2+y^2)^3}{(x^3+xy-y^3)^4}}\left(\frac{1}{x+y} + \frac{3x}{x^2+y^2} - \frac{6x^2+2y}{x^3+xy-y^3}\right)$$

$$\frac{z_y}{z} = \{\log(x+y)\}_y + \frac{3}{2}\{\log(x^2+y^2)\}_y - 2\{\log(x^3+xy-y^3)\}_y$$

$$= \frac{(x+y)_y}{x+y} + \frac{3}{2}\frac{(x^2+y^2)_y}{x^2+y^2} - 2\frac{(x^3+xy-y^3)_y}{x^3+xy-y^3}$$

$$= \frac{1}{x+y} + \frac{3y}{x^2+y^2} - \frac{2x-6y^2}{x^3+xy-y^3}$$

$$z_y = \sqrt{\frac{(x+y)^2(x^2+y^2)^3}{(x^3+xy-y^3)^4}}\left(\frac{1}{x+y} + \frac{3y}{x^2+y^2} - \frac{2x-6y^2}{x^3+xy-y^3}\right)$$

練習問題 3

1. 公式 2.1～2.4, 3.1 を用いて偏微分せよ．

(1) $z = (2x+y)e^{5x-3y}$ (2) $z = (e^x - e^y)(e^{2x} - e^{3y})$

(3) $z = \dfrac{e^{2x} - e^y}{e^{x-3y}}$ (4) $z = \dfrac{e^x - e^{2y}}{e^x + e^{2y}}$

(5) $z = \sqrt[3]{e^{x^2 y}}$ (6) $z = (e^{x+2y} - xy)^3$

(7) $z = e^{-x+y}\sqrt{e^x - e^{-y}}$ (8) $z = \sqrt{e^{2x} - e^{-2y}}\sqrt{e^x + e^{-y}}$

(9) $z = \sqrt{\dfrac{e^x - e^y}{e^x + e^y}}$ (10) $z = x^y + y^x$

2. 公式 2.1〜2.4, 3.4 を用いて偏微分せよ.

(1) $z = (3x+2y)\log(x+y)$ (2) $z = \{\log(x-y)\}^2$

(3) $z = \dfrac{\log x + \log y + 1}{\log x - \log y + 1}$ (4) $z = \log\left(xy + \dfrac{1}{x} - \dfrac{1}{y}\right)$

(5) $z = \log 3xy \log 2\left(\dfrac{y}{x}\right)$ (6) $z = \log\sqrt{\dfrac{x+y}{(x-y)(3x+2y)}}$

(7) $z = \log\dfrac{(x+y)^3(x^2+y^2)^4}{(x-y)^2}$ (8) $z = \log(x^2+y^2)^{xy}$

3. 公式 3.6 を用いて偏微分せよ.

(1) $z = (x+2y)^3(x^2+y^2)^2\sqrt{x+y}$ (2) $z = \dfrac{(x^2+y^2)^5}{(x-y)^4(2x+3y)^3}$

(3) $z = (x+y)^{xy}$ (4) $z = (xy)^{yx}$

解答

問 3.1 (1) $z_x = 3e^{3x+2y}$, $z_y = 2e^{3x+2y}$

(2) $z_x = -4e^{-4x+y}$, $z_y = e^{-4x+y}$

(3) $z_x = \dfrac{11}{2}e^{\frac{11}{2}x+\frac{3}{2}y}$, $z_y = \dfrac{3}{2}e^{\frac{11}{2}x+\frac{3}{2}y}$

(4) $z_x = -\dfrac{1}{2}e^{-\frac{1}{2}x+\frac{3}{2}y}$, $z_y = \dfrac{3}{2}e^{-\frac{1}{2}x+\frac{3}{2}y}$

問 3.2 (1) $z_x = (x^2+2x-y^2)e^x + 2xe^{2y}$

$z_y = -2ye^x + 2(x^2-y-y^2)e^{2y}$

(2) $z_x = 3e^{3x+2y} + 2e^{4y+2x}$, $z_y = 2e^{3x+2y} + 4e^{4y+2x}$

(3) $z_x = \dfrac{e^{3y+x}(x-2y-1)}{(x-2y)^2}$, $z_y = \dfrac{e^{3y+x}(3x-6y+2)}{(x-2y)^2}$

(4) $z_x = \dfrac{(5-10x-2y)e^{2x}+5e^{3y}}{(e^{2x}+e^{3y})^2}$, $z_y = \dfrac{e^{2x}+(1-15x-3y)e^{3y}}{(e^{2x}+e^{3y})^2}$

(5) $z_x = 2xy^3 e^{x^2y^3}$, $z_y = 3x^2y^2 e^{x^2y^3}$

(6) $z_x = -\dfrac{3e^{3x}}{2\sqrt{e^{3x}+6e^{5y}}^3}$, $z_y = -\dfrac{15e^{5y}}{\sqrt{e^{3x}+6e^{5y}}^3}$

問 3.3 (1) $z_x = -\dfrac{1}{x-1}$, $z_y = \dfrac{1}{y+2}$

(2) $z_x = -\dfrac{1}{x+3}$, $z_y = -\dfrac{1}{y-4}$

(3) $z_x = \dfrac{4}{x-5}$, $z_y = \dfrac{3}{y+6}$

(4) $z_x = -\dfrac{3}{2(x+7)}$, $z_y = \dfrac{5}{4(y-8)}$

問 3.4 (1) $z_x = 4xy^2\log(2x+3y) + \dfrac{4x^2y^2}{2x+3y}$

$$z_y = 4x^2y \log(2x+3y) + \frac{6x^2y^2}{2x+3y}$$

(2) $z_x = -\dfrac{2\log x}{x}, \quad z_y = \dfrac{2\log y}{y}$

(3) $z_x = \dfrac{2(xy-1) - y(2x-y)\log(2x-y)}{(2x-y)(xy-1)^2}$

$z_y = -\dfrac{xy-1 + x(2x-y)\log(2x-y)}{(2x-y)(xy-1)^2}$

(4) $z_x = -\dfrac{(x+2y)\log(x+2y) + y - x}{(x+2y)\{\log(x+2y)\}^2}$

$z_y = \dfrac{(x+2y)\log(x+2y) - 2(y-x)}{(x+2y)\{\log(x+2y)\}^2}$

(5) $z_x = \dfrac{2x}{x^2+y^3-1}, \quad z_y = \dfrac{3y^2}{x^2+y^3-1}$

(6) $z_x = -\dfrac{6}{x(3\log x + 2\log y)^3}, \quad z_y = -\dfrac{4}{y(3\log x + 2\log y)^3}$

練習問題 3

1. (1) $z_x = (10x+5y+2)e^{5x-3y}, \quad z_y = (-6x-3y+1)e^{5x-3y}$

(2) $z_x = 3e^{3x} - 2e^{2x+y} - e^{x+3y}, \quad z_y = -e^{2x+y} - 3e^{x+3y} + 4e^{4y}$

(3) $z_x = e^{x+3y} + e^{-x+4y}, \quad z_y = 3e^{x+3y} - 4e^{-x+4y}$

(4) $z_x = \dfrac{2e^{x+2y}}{(e^x+e^{2y})^2}, \quad z_y = -\dfrac{4e^{x+2y}}{(e^x+e^{2y})^2}$

(5) $z_x = \dfrac{2}{3}xye^{\frac{x^2y}{3}}, \quad z_y = \dfrac{1}{3}x^2 e^{\frac{x^2y}{3}}$

(6) $z_x = 3(e^{x+2y} - xy)^2(e^{x+2y} - y), \quad z_y = 3(e^{x+2y} - xy)^2(2e^{x+2y} - x)$

(7) $z_x = \dfrac{-e^y + 2e^{-x}}{2\sqrt{e^x - e^{-y}}}, \quad z_y = \dfrac{2e^y - e^{-x}}{2\sqrt{e^x - e^{-y}}}$

(8) $z_x = \dfrac{3e^{3x} + 2e^{2x-y} - e^{x-2y}}{2\sqrt{e^{2x} - e^{-2y}}\sqrt{e^x + e^{-y}}}, \quad z_y = \dfrac{2e^{x-2y} - e^{2x-y} + 3e^{-3y}}{2\sqrt{e^{2x} - e^{-2y}}\sqrt{e^x + e^{-y}}}$

(9) $z_x = \dfrac{e^{x+y}}{\sqrt{e^x + e^y}^3 \sqrt{e^x - e^y}}, \quad z_y = -\dfrac{e^{x+y}}{\sqrt{e^x + e^y}^3 \sqrt{e^x - e^y}}$

(10) $z_x = yx^{y-1} + y^x \log y, \quad z_y = x^y \log x + xy^{x-1}$

2. (1) $z_x = 3\log(x+y) + \dfrac{3x+2y}{x+y}, \quad z_y = 2\log(x+y) + \dfrac{3x+2y}{x+y}$

(2) $z_x = \dfrac{2\log(x-y)}{x-y}, \quad z_y = -\dfrac{2\log(x-y)}{x-y}$

(3) $z_x = -\dfrac{2\log y}{x(\log x - \log y + 1)^2}, \quad z_y = \dfrac{2(\log x + 1)}{y(\log x - \log y + 1)^2}$

(4) $z_x = \dfrac{x^2y^2 - y}{x^3y^2 + xy - x^2}, \quad z_y = \dfrac{x^2y^2 + x}{x^2y^3 + y^2 - xy}$

(5) $z_x = \dfrac{1}{x}\log\dfrac{2}{3x^2}, \quad z_y = \dfrac{1}{y}\log 6y^2$

(6) $z_x = \dfrac{1}{2}\left(\dfrac{1}{x+y} - \dfrac{1}{x-y} - \dfrac{3}{3x+2y}\right), \quad z_y = \dfrac{1}{2}\left(\dfrac{1}{x+y} + \dfrac{1}{x-y} - \dfrac{2}{3x+2y}\right)$

(7) $z_x = \dfrac{3}{x+y} + \dfrac{8x}{x^2+y^2} - \dfrac{2}{x-y}, \quad z_y = \dfrac{3}{x+y} + \dfrac{8y}{x^2+y^2} + \dfrac{2}{x-y}$

(8) $z_x = y \log(x^2+y^2) + \dfrac{2x^2 y}{x^2+y^2}$, $z_y = x \log(x^2+y^2) + \dfrac{2xy^2}{x^2+y^2}$

3. (1) $z_x = (x+2y)^3 (x^2+y^2)^2 \sqrt{x+y} \left\{ \dfrac{3}{x+2y} + \dfrac{4x}{x^2+y^2} + \dfrac{1}{2(x+y)} \right\}$

$z_y = (x+2y)^3 (x^2+y^2)^2 \sqrt{x+y} \left\{ \dfrac{6}{x+2y} + \dfrac{4y}{x^2+y^2} + \dfrac{1}{2(x+y)} \right\}$

(2) $z_x = \dfrac{(x^2+y^2)^5}{(x-y)^4 (2x+3y)^3} \left(\dfrac{10x}{x^2+y^2} - \dfrac{4}{x-y} - \dfrac{6}{2x+3y} \right)$

$z_y = \dfrac{(x^2+y^2)^5}{(x-y)^4 (2x+3y)^3} \left(\dfrac{10y}{x^2+y^2} + \dfrac{4}{x-y} - \dfrac{9}{2x+3y} \right)$

(3) $z_x = (x+y)^{xy} \left\{ y \log(x+y) + \dfrac{xy}{x+y} \right\}$

$z_y = (x+y)^{xy} \left\{ x \log(x+y) + \dfrac{xy}{x+y} \right\}$

(4) $z_x = (xy)^{y^x} y^x \left(\log y \log xy + \dfrac{1}{x} \right)$, $z_y = (xy)^{y^x} y^{x-1} (x \log xy + 1)$

§4 三角関数と逆三角関数の偏微分

円の中心角と直角三角形から作った三角関数や逆三角関数を取り上げる．ここでは 2 変数の三角関数と逆三角関数を偏微分する．

4.1 三角関数の偏微分

三角関数を微分すると，次が成り立つ．

公式 4.1 三角関数の微分

(1) $(\sin x)' = \cos x$

(2) $(\cos x)' = -\sin x$

(3) $(\tan x)' = \left(\dfrac{\sin x}{\cos x}\right)' = \sec^2 x = \dfrac{1}{\cos^2 x}$

(4) $(\cot x)' = \left(\dfrac{1}{\tan x}\right)' = \left(\dfrac{\cos x}{\sin x}\right)' = -\operatorname{cosec}^2 x = -\dfrac{1}{\sin^2 x}$

いろいろな三角関数の関係をまとめておく．

公式 4.2 三角関数の関係

(1) $\tan \theta = \dfrac{\sin \theta}{\cos \theta}$ (2) $\cot \theta = \dfrac{1}{\tan \theta} = \dfrac{\cos \theta}{\sin \theta}$

(3) $\sec \theta = \dfrac{1}{\cos \theta}$ (4) $\operatorname{cosec} \theta = \dfrac{1}{\sin \theta}$

(5) $\cos^2 \theta + \sin^2 \theta = 1$ (6) $1 + \tan^2 \theta = \sec^2 \theta$

(7) $\cot^2 \theta + 1 = \operatorname{cosec}^2 \theta$

(8) $\sin(\alpha + \beta) = \sin \alpha \cos \beta + \cos \alpha \sin \beta$

(9) $\cos(\alpha + \beta) = \cos \alpha \cos \beta - \sin \alpha \sin \beta$

[注意] 三角関数では指数を次のように書く．

$$(\sin \theta)^2 = \sin^2 \theta, \quad (\cos \theta)^3 = \cos^3 \theta, \quad (\tan \theta)^4 = \tan^4 \theta$$

ただし，負の指数は使わない．

$$\frac{1}{\sin \theta} \neq \sin^{-1} \theta, \quad \frac{1}{\cos^2 \theta} \neq \cos^{-2} \theta, \quad \frac{1}{\tan^3 \theta} \neq \tan^{-3} \theta$$

例題 4.1 $\sin(ax+by)$ や $\cos(ax+by)$ などの式にしてから，公式 2.4, 4.1 を用いて偏微分せよ．

(1) $z = \dfrac{1}{\operatorname{cosec}(3x+5y)}$ (2) $z = \dfrac{1}{\sec(-x+2y)}$

(3) $z = \dfrac{\sin(2x+4y)}{\cos(2x+4y)}$

解 公式 4.2 を用いて三角関数を計算してから偏微分する．

(1) $z = \dfrac{1}{\text{cosec}(3x+5y)} = \sin(3x+5y)$

$z_x = \{\sin(3x+5y)\}_x = \cos(3x+5y)(3x+5y)_x = 3\cos(3x+5y)$

$z_y = \{\sin(3x+5y)\}_y = \cos(3x+5y)(3x+5y)_y = 5\cos(3x+5y)$

(2) $z = \dfrac{1}{\sec(-x+2y)} = \cos(-x+2y)$

$z_x = \{\cos(-x+2y)\}_x = -\sin(-x+2y)(-x+2y)_x$
$\quad = \sin(-x+2y)$

$z_y = \{\cos(-x+2y)\}_y = -\sin(-x+2y)(-x+2y)_y$
$\quad = -2\sin(-x+2y)$

(3) $z = \dfrac{\sin(2x+4y)}{\cos(2x+4y)} = \tan(2x+4y)$

$z_x = \{\tan(2x+4y)\}_x = \sec^2(2x+4y)(2x+4y)_x = 2\sec^2(2x+4y)$

$z_y = \{\tan(2x+4y)\}_y = \sec^2(2x+4y)(2x+4y)_y = 4\sec^2(2x+4y)$

問 4.1 $\sin(ax+by)$ や $\cos(ax+by)$ などの式にしてから，公式 2.4, 4.1 を用いて偏微分せよ．

(1) $z = \tan(2x-y)\cos(2x-y)$

(2) $z = \cot(5x+2y)\tan^2(5x+2y)$

(3) $z = \dfrac{\cot(x+3y)}{\text{cosec}(x+3y)}$ (4) $z = \dfrac{1}{\sin(2x+4y)\sec(2x+4y)}$

例題 4.2 公式 2.1〜2.4, 4.1 を用いて偏微分せよ．

(1) $z = (x^2+y^2)\sin(4x-3y)$ (2) $z = \dfrac{\cos xy}{2x-3y}$

(3) $z = \{\tan(y-x)+1\}^4$

解 まず公式 2.1〜2.4 を用いてから，公式 4.1 により偏微分する．

(1) 公式 2.2 より

$z_x = \{(x^2+y^2)\sin(4x-3y)\}_x$
$\quad = (x^2+y^2)_x \sin(4x-3y) + (x^2+y^2)\{\sin(4x-3y)\}_x$
$\quad = 2x\sin(4x-3y) + (x^2+y^2)\cos(4x-3y)(4x-3y)_x$
$\quad = 2x\sin(4x-3y) + 4(x^2+y^2)\cos(4x-3y)$

$z_y = \{(x^2+y^2)\sin(4x-3y)\}_y$
$\quad = (x^2+y^2)_y \sin(4x-3y) + (x^2+y^2)\{\sin(4x-3y)\}_y$
$\quad = 2y\sin(4x-3y) + (x^2+y^2)\cos(4x-3y)(4x-3y)_y$
$\quad = 2y\sin(4x-3y) - 3(x^2+y^2)\cos(4x-3y)$

(2) 公式 2.3 より

$$z_x = \left(\frac{\cos xy}{2x-3y}\right)_x$$
$$= \frac{(\cos xy)_x(2x-3y) - \cos xy\,(2x-3y)_x}{(2x-3y)^2}$$
$$= \frac{-\sin xy\,(xy)_x(2x-3y) - 2\cos xy}{(2x-3y)^2}$$
$$= \frac{-y(2x-3y)\sin xy - 2\cos xy}{(2x-3y)^2}$$

$$z_y = \left(\frac{\cos xy}{2x-3y}\right)_y$$
$$= \frac{(\cos xy)_y(2x-3y) - \cos xy\,(2x-3y)_y}{(2x-3y)^2}$$
$$= \frac{-\sin xy\,(xy)_y(2x-3y) + 3\cos xy}{(2x-3y)^2}$$
$$= \frac{-x(2x-3y)\sin xy + 3\cos xy}{(2x-3y)^2}$$

(3) 公式 2.4 より

$$z_x = [\{\tan(y-x)+1\}^4]_x$$
$$= 4\{\tan(y-x)+1\}^3\{\tan(y-x)+1\}_x$$
$$= 4\{\tan(y-x)+1\}^3 \sec^2(y-x)(y-x)_x$$
$$= -4\{\tan(y-x)+1\}^3 \sec^2(y-x)$$

$$z_y = [\{\tan(y-x)+1\}^4]_y$$
$$= 4\{\tan(y-x)+1\}^3\{\tan(y-x)+1\}_y$$
$$= 4\{\tan(y-x)+1\}^3 \sec^2(y-x)(y-x)_y$$
$$= 4\{\tan(y-x)+1\}^3 \sec^2(y-x)$$

問 4.2 公式 2.1〜2.4, 4.1 を用いて偏微分せよ.

(1) $z = (3x+2y)\cos(5x-3y)$

(2) $z = \sin(3x-2y)\cot(5x+2y)$

(3) $z = \dfrac{\sin(4x+3y)}{3x-y}$ (4) $z = \dfrac{x^2+y^2}{\tan(2x-5y)}$

(5) $z = \tan(xy+3)$ (6) $z = \dfrac{1}{\{\cos(5x+4y)+1\}^2}$

[注意] 他の三角関数は $\sin(ax+by)$ や $\cos(ax+by)$ などの式に直して偏微分する.

(1) $\{\sec(-x+2y)\}_x = \left\{\dfrac{1}{\cos(-x+2y)}\right\}_x = -\dfrac{\{\cos(-x+2y)\}_x}{\cos^2(-x+2y)}$
$$= \frac{\sin(-x+2y)(-x+2y)_x}{\cos^2(-x+2y)} = -\frac{\sin(-x+2y)}{\cos^2(-x+2y)}$$

(2) $\{\text{cosec}\,(3x+5y)\}_x = \left\{\dfrac{1}{\sin(3x+5y)}\right\}_x = -\dfrac{\{\sin(3x+5y)\}_x}{\sin^2(3x+5y)}$

$= -\dfrac{\cos(3x+5y)(3x+5y)_x}{\sin^2(3x+5y)}$

$= -\dfrac{3\cos(3x+5y)}{\sin^2(3x+5y)}$

4.2 逆三角関数の偏微分

逆三角関数を微分すると，次が成り立つ．

公式 4.3 逆三角関数の微分

(1) $(\sin^{-1} x)' = \dfrac{1}{\sqrt{1-x^2}}$ (2) $(\cos^{-1} x)' = -\dfrac{1}{\sqrt{1-x^2}}$

(3) $(\tan^{-1} x)' = \dfrac{1}{x^2+1}$

[注意] 三角関数と区別する．

$$\sin^{-1} x \neq \dfrac{1}{\sin x}, \quad \cos^{-1} x \neq \dfrac{1}{\cos x}, \quad \tan^{-1} x \neq \dfrac{1}{\tan x}$$

例題 4.3 公式 2.4, 4.3 を用いて偏微分せよ．
(1) $z = \sin^{-1}(5x+3y)$ (2) $z = \cos^{-1}(2x-y)$
(3) $z = \tan^{-1}(4x+2y)$

解 逆三角関数 $\sin^{-1}(ax+by)$，$\cos^{-1}(ax+by)$，$\tan^{-1}(ax+by)$ を偏微分する．

(1) $z_x = \{\sin^{-1}(5x+3y)\}_x = \dfrac{(5x+3y)_x}{\sqrt{1-(5x+3y)^2}} = \dfrac{5}{\sqrt{1-(5x+3y)^2}}$

$z_y = \{\sin^{-1}(5x+3y)\}_y = \dfrac{(5x+3y)_y}{\sqrt{1-(5x+3y)^2}} = \dfrac{3}{\sqrt{1-(5x+3y)^2}}$

(2) $z_x = \{\cos^{-1}(2x-y)\}_x = -\dfrac{(2x-y)_x}{\sqrt{1-(2x-y)^2}} = -\dfrac{2}{\sqrt{1-(2x-y)^2}}$

$z_y = \{\cos^{-1}(2x-y)\}_y = -\dfrac{(2x-y)_y}{\sqrt{1-(2x-y)^2}} = \dfrac{1}{\sqrt{1-(2x-y)^2}}$

(3) $z_x = \{\tan^{-1}(4x+2y)\}_x = \dfrac{(4x+2y)_x}{(4x+2y)^2+1} = \dfrac{4}{(4x+2y)^2+1}$

$z_y = \{\tan^{-1}(4x+2y)\}_y = \dfrac{(4x+2y)_y}{(4x+2y)^2+1} = \dfrac{2}{(4x+2y)^2+1}$

問 **4.3** 公式 2.4, 4.3 を用いて偏微分せよ．

(1)　$z = \sin^{-1}(4x-5y)$　　(2)　$z = \cos^{-1}\dfrac{x+2y}{3}$

(3)　$z = \tan^{-1}(2x+3y)$　　(4)　$z = \tan^{-1}\dfrac{3x-y}{4}$

例題 **4.4** 公式 2.1〜2.4, 4.3 を用いて偏微分せよ．

(1)　$z = (y^2-x^2)\sin^{-1}(3x-4y)$　　(2)　$z = \dfrac{\tan^{-1}xy}{3x+y}$

(3)　$z = \{\cos^{-1}(x-y)+1\}^2$

解　まず公式 2.1〜2.4 を用いてから，公式 4.3 により偏微分する．

(1)　公式 2.2 より

$$\begin{aligned}
z_x &= \{(y^2-x^2)\sin^{-1}(3x-4y)\}_x \\
&= (y^2-x^2)_x \sin^{-1}(3x-4y) + (y^2-x^2)\{\sin^{-1}(3x-4y)\}_x \\
&= -2x\sin^{-1}(3x-4y) + \frac{(y^2-x^2)(3x-4y)_x}{\sqrt{1-(3x-4y)^2}} \\
&= -2x\sin^{-1}(3x-4y) + \frac{3(y^2-x^2)}{\sqrt{1-(3x-4y)^2}}
\end{aligned}$$

$$\begin{aligned}
z_y &= \{(y^2-x^2)\sin^{-1}(3x-4y)\}_y \\
&= (y^2-x^2)_y \sin^{-1}(3x-4y) + (y^2-x^2)\{\sin^{-1}(3x-4y)\}_y \\
&= 2y\sin^{-1}(3x-4y) + \frac{(y^2-x^2)(3x-4y)_y}{\sqrt{1-(3x-4y)^2}} \\
&= 2y\sin^{-1}(3x-4y) - \frac{4(y^2-x^2)}{\sqrt{1-(3x-4y)^2}}
\end{aligned}$$

(2)　公式 2.3 より

$$\begin{aligned}
z_x &= \left(\frac{\tan^{-1}xy}{3x+y}\right)_x \\
&= \frac{(\tan^{-1}xy)_x(3x+y) - \tan^{-1}xy\,(3x+y)_x}{(3x+y)^2} \\
&= \frac{\dfrac{(xy)_x}{x^2y^2+1}(3x+y) - 3\tan^{-1}xy}{(3x+y)^2} \\
&= \frac{y(3x+y) - 3(x^2y^2+1)\tan^{-1}xy}{(x^2y^2+1)(3x+y)^2}
\end{aligned}$$

$$\begin{aligned}
z_y &= \left(\frac{\tan^{-1}xy}{3x+y}\right)_y \\
&= \frac{(\tan^{-1}xy)_y(3x+y) - \tan^{-1}xy\,(3x+y)_y}{(3x+y)^2}
\end{aligned}$$

$$= \frac{\frac{(xy)_y}{x^2y^2+1}(3x+y) - \tan^{-1}xy}{(3x+y)^2}$$

$$= \frac{x(3x+y) - (x^2y^2+1)\tan^{-1}xy}{(x^2y^2+1)(3x+y)^2}$$

(3) 公式 2.4 より

$$\begin{aligned}z_x &= [\{\cos^{-1}(x-y)+1\}^2]_x \\ &= 2\{\cos^{-1}(x-y)+1\}\{\cos^{-1}(x-y)+1\}_x \\ &= 2\{\cos^{-1}(x-y)+1\}\frac{-(x-y)_x}{\sqrt{1-(x-y)^2}} = -\frac{2\{\cos^{-1}(x-y)+1\}}{\sqrt{1-(x-y)^2}}\end{aligned}$$

$$\begin{aligned}z_y &= [\{\cos^{-1}(x-y)+1\}^2]_y \\ &= 2\{\cos^{-1}(x-y)+1\}\{\cos^{-1}(x-y)+1\}_y \\ &= 2\{\cos^{-1}(x-y)+1\}\frac{-(x-y)_y}{\sqrt{1-(x-y)^2}} = \frac{2\{\cos^{-1}(x-y)+1\}}{\sqrt{1-(x-y)^2}}\end{aligned}$$

問 4.4 公式 2.1〜2.4, 4.3 を用いて偏微分せよ.

(1) $z = (2x-3y)\cos^{-1}(3x+5y)$

(2) $z = \sin^{-1}xy \tan^{-1}(x+y)$

(3) $z = \dfrac{\cos^{-1}(2x+3y)}{2x+y}$ 　　(4) $z = \dfrac{x-y}{\tan^{-1}(x-2y)}$

(5) $z = \sin^{-1}(xy-2)$ 　　(6) $z = \sqrt{\tan^{-1}(3x+5y)-1}$

練習問題 4

1. 公式 2.1〜2.4, 4.1 を用いて偏微分せよ.

(1) $z = (x^3-y^3)\tan\left(\dfrac{x}{2}+\dfrac{y}{3}\right)$ 　　(2) $z = \sin(4x+y)\cos(5x-3y)$

(3) $z = \dfrac{1-\cos xy}{1+\cos xy}$ 　　(4) $z = \dfrac{\tan x + \cot y}{\tan x - \cot y}$

(5) $z = \cos(x^3+xy^2)$ 　　(6) $z = \cot\left(\dfrac{x}{y}+\dfrac{y}{x}\right)$

(7) $z = \sqrt{\tan(3x+2y)}$ 　　(8) $z = \tan(2x+3y)\sqrt{\cos xy}$

(9) $z = \sqrt{\cos x - \sin y}\sqrt{\cos x + \sin y}$ 　　(10) $z = \sqrt{\dfrac{\cos y + \sin x}{\cos y - \sin x}}$

2. 公式 2.1〜2.4, 4.3 を用いて偏微分せよ.

(1) $z = (x^3+y^3)\tan^{-1}(2x+y)$ 　　(2) $z = \sin^{-1}x^2y \cos^{-1}xy^2$

(3) $z = \dfrac{\tan^{-1} xy}{x^2+y^2}$ (4) $z = \dfrac{x+2y}{\sin^{-1}(x+y)}$

(5) $z = \dfrac{1}{\cos^{-1} xy + 1}$ (6) $z = \dfrac{\tan^{-1}(x-y)-1}{\tan^{-1}(x-y)+1}$

(7) $z = \tan^{-1}\dfrac{y}{x}$ (8) $z = \cos^{-1}\sqrt{xy}$

(9) $z = \dfrac{1}{\tan^{-1} xy + x - y}$ (10) $z = \sqrt{\sin^{-1}(x-y)+1}$

解答

問 4.1 (1) $z_x = 2\cos(2x-y)$, $z_y = -\cos(2x-y)$

(2) $z_x = 5\sec^2(5x+2y)$, $z_y = 2\sec^2(5x+2y)$

(3) $z_x = -\sin(x+3y)$, $z_y = -3\sin(x+3y)$

(4) $z_x = -2\operatorname{cosec}^2(2x+4y)$, $z_y = -4\operatorname{cosec}^2(2x+4y)$

問 4.2 (1) $z_x = 3\cos(5x-3y) - 5(3x+2y)\sin(5x-3y)$

$z_y = 2\cos(5x-3y) + 3(3x+2y)\sin(5x-3y)$

(2) $z_x = 3\cos(3x-2y)\cot(5x+2y) - 5\sin(3x-2y)\operatorname{cosec}^2(5x+2y)$

$z_y = -2\cos(3x-2y)\cot(5x+2y) - 2\sin(3x-2y)\operatorname{cosec}^2(5x+2y)$

(3) $z_x = \dfrac{4(3x-y)\cos(4x+3y) - 3\sin(4x+3y)}{(3x-y)^2}$

$z_y = \dfrac{3(3x-y)\cos(4x+3y) + \sin(4x+3y)}{(3x-y)^2}$

(4) $z_x = \dfrac{2x\tan(2x-5y) - 2(x^2+y^2)\sec^2(2x-5y)}{\tan^2(2x-5y)}$

$z_y = \dfrac{2y\tan(2x-5y) + 5(x^2+y^2)\sec^2(2x-5y)}{\tan^2(2x-5y)}$

(5) $z_x = y\sec^2(xy+3)$, $z_y = x\sec^2(xy+3)$

(6) $z_x = \dfrac{10\sin(5x+4y)}{\{\cos(5x+4y)+1\}^3}$, $z_y = \dfrac{8\sin(5x+4y)}{\{\cos(5x+4y)+1\}^3}$

問 4.3 (1) $z_x = \dfrac{4}{\sqrt{1-(4x-5y)^2}}$, $z_y = -\dfrac{5}{\sqrt{1-(4x-5y)^2}}$

(2) $z_x = -\dfrac{1}{\sqrt{9-(x+2y)^2}}$, $z_y = -\dfrac{2}{\sqrt{9-(x+2y)^2}}$

(3) $z_x = \dfrac{2}{(2x+3y)^2+1}$, $z_y = \dfrac{3}{(2x+3y)^2+1}$

(4) $z_x = \dfrac{12}{(3x-y)^2+16}$, $z_y = -\dfrac{4}{(3x-y)^2+16}$

問 4.4 (1) $z_x = 2\cos^{-1}(3x+5y) - \dfrac{3(2x-3y)}{\sqrt{1-(3x+5y)^2}}$

$z_y = -3\cos^{-1}(3x+5y) - \dfrac{5(2x-3y)}{\sqrt{1-(3x+5y)^2}}$

(2) $z_x = \dfrac{y\tan^{-1}(x+y)}{\sqrt{1-x^2y^2}} + \dfrac{\sin^{-1} xy}{(x+y)^2+1}$

$z_y = \dfrac{x\tan^{-1}(x+y)}{\sqrt{1-x^2y^2}} + \dfrac{\sin^{-1} xy}{(x+y)^2+1}$

(3) $z_x = -\dfrac{2(2x+y)+2\sqrt{1-(2x+3y)^2}\,\cos^{-1}(2x+3y)}{(2x+y)^2\sqrt{1-(2x+3y)^2}}$

$z_y = -\dfrac{3(2x+y)+\sqrt{1-(2x+3y)^2}\,\cos^{-1}(2x+3y)}{(2x+y)^2\sqrt{1-(2x+3y)^2}}$

(4) $z_x = \dfrac{\{(x-2y)^2+1\}\tan^{-1}(x-2y)-(x-y)}{\{(x-2y)^2+1\}\{\tan^{-1}(x-2y)\}^2}$

$z_y = \dfrac{-\{(x-2y)^2+1\}\tan^{-1}(x-2y)+2(x-y)}{\{(x-2y)^2+1\}\{\tan^{-1}(x-2y)\}^2}$

(5) $z_x = \dfrac{y}{\sqrt{1-(xy-2)^2}}$, $\quad z_y = \dfrac{x}{\sqrt{1-(xy-2)^2}}$

(6) $z_x = \dfrac{3}{2\{(3x+5y)^2+1\}\sqrt{\tan^{-1}(3x+5y)-1}}$

$z_y = \dfrac{5}{2\{(3x+5y)^2+1\}\sqrt{\tan^{-1}(3x+5y)-1}}$

練習問題 4

1. (1) $z_x = 3x^2 \tan\left(\dfrac{x}{2}+\dfrac{y}{3}\right)+\dfrac{1}{2}(x^3-y^3)\sec^2\left(\dfrac{x}{2}+\dfrac{y}{3}\right)$

$z_y = -3y^2 \tan\left(\dfrac{x}{2}+\dfrac{y}{3}\right)+\dfrac{1}{3}(x^3-y^3)\sec^2\left(\dfrac{x}{2}+\dfrac{y}{3}\right)$

(2) $z_x = 4\cos(4x+y)\cos(5x-3y)-5\sin(4x+y)\sin(5x-3y)$

$z_y = \cos(4x+y)\cos(5x-3y)+3\sin(4x+y)\sin(5x-3y)$

(3) $z_x = \dfrac{2y\sin xy}{(1+\cos xy)^2}$, $\quad z_y = \dfrac{2x\sin xy}{(1+\cos xy)^2}$

(4) $z_x = -\dfrac{2\sec^2 x\cot y}{(\tan x-\cot y)^2}$, $\quad z_y = -\dfrac{2\operatorname{cosec}^2 y\tan x}{(\tan x-\cot y)^2}$

(5) $z_x = -(3x^2+y^2)\sin(x^3+xy^2)$, $\quad z_y = -2xy\sin(x^3+xy^2)$

(6) $z_x = \left(\dfrac{y}{x^2}-\dfrac{1}{y}\right)\operatorname{cosec}^2\left(\dfrac{x}{y}+\dfrac{y}{x}\right)$, $\quad z_y = \left(\dfrac{x}{y^2}-\dfrac{1}{x}\right)\operatorname{cosec}^2\left(\dfrac{x}{y}+\dfrac{y}{x}\right)$

(7) $z_x = \dfrac{3\sec^2(3x+2y)}{2\sqrt{\tan(3x+2y)}}$, $\quad z_y = \dfrac{\sec^2(3x+2y)}{\sqrt{\tan(3x+2y)}}$

(8) $z_x = \dfrac{4\sec^2(2x+3y)\cos xy-y\tan(2x+3y)\sin xy}{2\sqrt{\cos xy}}$

$z_y = \dfrac{6\sec^2(2x+3y)\cos xy-x\tan(2x+3y)\sin xy}{2\sqrt{\cos xy}}$

(9) $z_x = -\dfrac{\sin x\cos x}{\sqrt{\cos x-\sin y}\sqrt{\cos x+\sin y}}$

$z_y = -\dfrac{\sin y\cos y}{\sqrt{\cos x-\sin y}\sqrt{\cos x+\sin y}}$

(10) $z_x = \dfrac{\cos x\cos y}{\sqrt{\cos y+\sin x}\sqrt{\cos y-\sin x}^{\,3}}$

$z_y = \dfrac{\sin x\sin y}{\sqrt{\cos y+\sin x}\sqrt{\cos y-\sin x}^{\,3}}$

2. (1) $z_x = 3x^2\tan^{-1}(2x+y)+\dfrac{2(x^3+y^3)}{(2x+y)^2+1}$

$$z_y = 3y^2 \tan^{-1}(2x+y) + \frac{x^3+y^3}{(2x+y)^2+1}$$

(2) $z_x = \dfrac{2xy \cos^{-1} xy^2}{\sqrt{1-x^4y^2}} - \dfrac{y^2 \sin^{-1} x^2y}{\sqrt{1-x^2y^4}}$

$z_y = \dfrac{x^2 \cos^{-1} xy^2}{\sqrt{1-x^4y^2}} - \dfrac{2xy \sin^{-1} x^2y}{\sqrt{1-x^2y^4}}$

(3) $z_x = \dfrac{y(x^2+y^2) - 2x(x^2y^2+1)\tan^{-1} xy}{(x^2y^2+1)(x^2+y^2)^2}$

$z_y = \dfrac{x(x^2+y^2) - 2y(x^2y^2+1)\tan^{-1} xy}{(x^2y^2+1)(x^2+y^2)^2}$

(4) $z_x = \dfrac{\sqrt{1-(x+y)^2}\sin^{-1}(x+y) - (x+2y)}{\sqrt{1-(x+y)^2}\{\sin^{-1}(x+y)\}^2}$

$z_y = \dfrac{2\sqrt{1-(x+y)^2}\sin^{-1}(x+y) - (x+2y)}{\sqrt{1-(x+y)^2}\{\sin^{-1}(x+y)\}^2}$

(5) $z_x = \dfrac{y}{\sqrt{1-x^2y^2}(\cos^{-1} xy+1)^2}, \quad z_y = \dfrac{x}{\sqrt{1-x^2y^2}(\cos^{-1} xy+1)^2}$

(6) $z_x = \dfrac{2}{\{(x-y)^2+1\}\{\tan^{-1}(x-y)+1\}^2}$

$z_y = -\dfrac{2}{\{(x-y)^2+1\}\{\tan^{-1}(x-y)+1\}^2}$

(7) $z_x = -\dfrac{y}{x^2+y^2}, \quad z_y = \dfrac{x}{x^2+y^2}$

(8) $z_x = -\dfrac{\sqrt{y}}{2\sqrt{x(1-xy)}}, \quad z_y = -\dfrac{\sqrt{x}}{2\sqrt{y(1-xy)}}$

(9) $z_x = -\dfrac{y+x^2y^2+1}{(x^2y^2+1)(\tan^{-1} xy+x-y)^2}$

$z_y = -\dfrac{x-x^2y^2-1}{(x^2y^2+1)(\tan^{-1} xy+x-y)^2}$

(10) $z_x = \dfrac{1}{2\sqrt{1-(x-y)^2}\sqrt{\sin^{-1}(x-y)+1}}$

$z_y = -\dfrac{1}{2\sqrt{1-(x-y)^2}\sqrt{\sin^{-1}(x-y)+1}}$

§5 全微分と合成関数の偏微分

これまで各変数で偏微分を考えてきた．ここではすべての変数による全微分を導入し，合成関数を偏微分する．

5.1 全微分

偏微分ではそれぞれの変数について微分する．一方，すべての変数について微分するとどうなるか考える．

曲面 $z = f(x,y)$ 上の点 A で拡大すると，曲面も接平面と同じ平面に見えてくる．曲面上の 2 点 P, Q が点 A に近づくと，$\mathrm{PB} = \dfrac{\partial z}{\partial x} dx$, $\mathrm{QC} = \dfrac{\partial z}{\partial y} dy$ となり，$\mathrm{RD} = \mathrm{PB} + \mathrm{QC}$ が成り立つ．線分 RD の長さを dz と書き，関数 $z = f(x,y)$ の**全微分**という．

これより偏微分と全微分の関係は次のようになる．

> **公式 5.1 関数の偏微分と全微分**
>
> 2 変数関数 $z = f(x,y)$ の全微分 dz は
> $$dz = z_x\, dx + z_y\, dy$$
> または
> $$dz = \frac{\partial z}{\partial x} dx + \frac{\partial z}{\partial y} dy$$

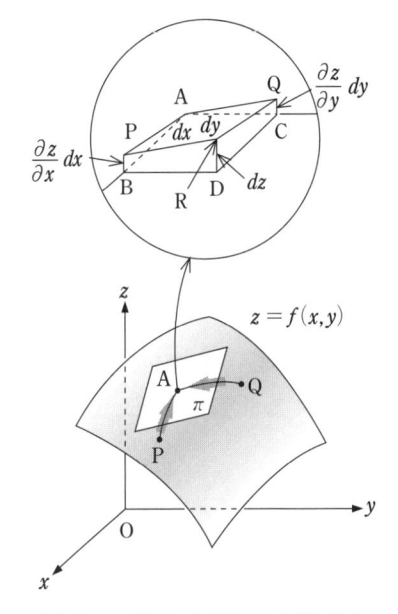

図 5.1 曲面の接平面と偏微分や全微分．

[解説] 各変数による偏導関数 z_x, z_y に微分 dx, dy を掛けてたすと，全微分 dz になる．

[注意] 3 変数以上でも同様に考える．3 変数関数 $w = f(x,y,z)$ では
$$dw = w_x\, dx + w_y\, dy + w_z\, dz$$

> **例題 5.1** 公式 5.1 を用いて全微分を求めよ．
>
> (1) $z = x^2 + 2xy + 3y^2$ (2) $z = \dfrac{y}{x}$

解 変数 x, y で偏微分してから，全微分の式を組み立てる．

(1) 公式 1.1 より
$$z_x = (x^2)_x + 2(x)_x y + 3(y^2)_x = 2x + 2y$$
$$z_y = (x^2)_y + 2x(y)_y + 3(y^2)_y = 2x + 6y$$
$$dz = (2x+2y)\, dx + (2x+6y)\, dy = 2(x+y)\, dx + 2(x+3y)\, dy$$

(2) $z = \dfrac{y}{x} = x^{-1}y$

公式 1.1 より

$$z_x = (x^{-1})_x y = -x^{-2}y = -\dfrac{y}{x^2}, \quad z_y = x^{-1}(y)_y = x^{-1} = \dfrac{1}{x}$$

$$dz = -\dfrac{y}{x^2}dx + \dfrac{1}{x}dy = \dfrac{-y\,dx + x\,dy}{x^2}$$

問 5.1 公式 5.1 を用いて全微分を求めよ．

(1) $z = x^4 + 3x^2y^2 + y^4$ (2) $z = \dfrac{x+y}{x-y}$

(3) $z = xye^{x-y}$ (4) $z = \sin xy$

5.2 合成関数の偏微分（1変数の場合）

2変数関数で §2 とは別の合成関数を偏微分する．

関数 $z = f(x,y)$ で変数 x, y が変数 t の式の場合に，変数 t で微分すると次が成り立つ．

公式 5.2　合成関数の偏微分（1変数の場合）
2変数関数 $z = f(x,y)$ で $x = g(t)$, $y = h(t)$ ならば
$$z_t = z_x x_t + z_y y_t \quad \text{または} \quad \dfrac{dz}{dt} = \dfrac{\partial z}{\partial x}\dfrac{dx}{dt} + \dfrac{\partial z}{\partial y}\dfrac{dy}{dt}$$

[解説] 変数 x, y による偏導関数 z_x, z_y に t による導関数 x_t, y_t を掛けてたすと，変数 t による導関数 z_t が求まる．公式 5.1 の両辺を微分 dt で割るとこの式になる．

[注意] 3変数以上でも同様に考える．3変数関数 $w = f(x,y,z)$ で変数 x, y, z が変数 t の式ならば
$$w_t = w_x x_t + w_y y_t + w_z z_t$$

例題 5.2 公式 5.2 を用いて，変数 t による導関数 z_t を求めよ．
$$z = x^2 + y^2, \quad x = e^t + e^{-t}, \quad y = e^t - e^{-t}$$

[解] 変数 x, y と変数 t で偏微分して，合成関数の微分の式を組み立てる．

公式 1.1, 2.4, 3.1 より

$$z_x = (x^2)_x + (y^2)_x = 2x, \quad z_y = (x^2)_y + (y^2)_y = 2y$$
$$x_t = (e^t + e^{-t})' = e^t - e^{-t}, \quad y_t = (e^t - e^{-t})' = e^t + e^{-t}$$
$$z_t = 2x(e^t - e^{-t}) + 2y(e^t + e^{-t})$$
$$= 2(e^t + e^{-t})(e^t - e^{-t}) + 2(e^t - e^{-t})(e^t + e^{-t})$$
$$= 4(e^{2t} - e^{-2t})$$

問 5.2 公式 5.2 を用いて変数 t による導関数 z_t を求めよ．

(1) $z = x^3 - y^3$, $x = \cos t$, $y = \sin t$

(2) $z = 2xy$, $x = t + \dfrac{1}{t}$, $y = t - \dfrac{1}{t}$

(3) $z = \log(x+y)$, $x = \dfrac{e^t + e^{-t}}{2}$, $y = \dfrac{e^t - e^{-t}}{2}$

(4) $z = \dfrac{1}{x-y}$, $x = t^2 + t + 1$, $y = t^2 - t + 1$

[注意] 関数 $z = t^t$ の微分は対数微分法（公式 3.6）以外に，公式 5.2 を用いて求められる．

$z = x^y$, $x = t$, $y = t$ とおくと
$z_x = yx^{y-1}$, $z_y = x^y \log x$, $x_t = 1$, $y_t = 1$
$z_t = (t^t)' = yx^{y-1} \cdot 1 + x^y \log x \cdot 1 = t \cdot t^{t-1} + t^t \log t$
$\quad = t^t (1 + \log t)$

5.3 合成関数の偏微分（2 変数の場合）

2 変数関数で §2 とは別の合成関数を偏微分する．

関数 $z = f(x, y)$ で変数 x, y が変数 s, t の式の場合に，変数 s, t で偏微分すると次が成り立つ．

> **公式 5.3 合成関数の偏微分（2 変数の場合）**
> 2 変数関数 $z = f(x, y)$ で $x = g(s, t)$, $y = h(s, t)$ ならば
> $$z_s = z_x x_s + z_y y_s \quad \text{または} \quad \frac{\partial z}{\partial s} = \frac{\partial z}{\partial x}\frac{\partial x}{\partial s} + \frac{\partial z}{\partial y}\frac{\partial y}{\partial s}$$
> $$z_t = z_x x_t + z_y y_t \quad \text{または} \quad \frac{\partial z}{\partial t} = \frac{\partial z}{\partial x}\frac{\partial x}{\partial t} + \frac{\partial z}{\partial y}\frac{\partial y}{\partial t}$$

[解説] 変数 x, y による偏導関数 z_x, z_y に変数 s, t による偏導関数 x_s, x_t, y_s, y_t を掛けてたすと，変数 s, t による偏導関数 z_s, z_t が求まる．公式 5.1 の両辺を微分 ds, dt で割るとこの式になる．

[注意] 3 変数以上でも同様に考える．3 変数関数 $w = f(x, y, z)$ で変数 x, y, z が変数 r, s, t の式ならば
$$w_r = w_x x_r + w_y y_r + w_z z_r$$
$$w_s = w_x x_s + w_y y_s + w_z z_s$$
$$w_t = w_x x_t + w_y y_t + w_z z_t$$

> **例題 5.3** 公式 5.3 を用いて，変数 s, t による偏導関数 z_s, z_t を求めよ．
> $z = x^2 - y^2$, $x = s \cos t$, $y = s \sin t$

[解] 変数 x, y と変数 s, t で偏微分して，合成関数の微分の式を組み立てる．

公式 1.1, 4.1 より
$$z_x = (x^2)_x - (y^2)_x = 2x, \quad z_y = (x^2)_y - (y^2)_y = -2y$$
$$x_s = (s)_s \cos t = \cos t, \quad x_t = s(\cos t)_t = -s \sin t$$
$$y_s = (s)_s \sin t = \sin t, \quad y_t = s(\sin t)_t = s \cos t$$
$$z_s = 2x \cos t - 2y \sin t = 2s \cos^2 t - 2s \sin^2 t = 2s \cos 2t$$
$$z_t = 2x(-s \sin t) - 2ys \cos t = -4s^2 \sin t \cos t = -2s^2 \sin 2t \quad \blacksquare$$

問 5.3 公式 5.3 を用いて, 変数 s, t による偏導関数 z_s, z_t を求めよ.

(1) $z = x^3 + y^3$, $\quad x = s + 2t$, $\quad y = 3s + 4t$

(2) $z = x^2 y^2$, $\quad x = s^2 + t^2$, $\quad y = s^2 - t^2$

(3) $z = \dfrac{y}{x}$, $\quad x = s(e^t + e^{-t})$, $\quad y = s(e^t - e^{-t})$

(4) $z = \dfrac{1}{x^2 + y^2}$, $\quad x = e^s \cos t$, $\quad y = e^s \sin t$

[注意] 関数 $z = (st)^{s+t}$ の偏微分は対数微分法(公式 3.6)以外に公式 5.3 を用いて求められる.

$z = x^y$, $\quad x = st$, $\quad y = s + t$ とおくと
$$z_x = yx^{y-1}, \quad z_y = x^y \log x, \quad x_s = t, \quad x_t = s, \quad y_s = 1,$$
$$y_t = 1$$
$$z_s = \{(st)^{s+t}\}_s = yx^{y-1} \cdot t + x^y \log x \cdot 1$$
$$= (s+t)(st)^{s+t-1} t + (st)^{s+t} \log st$$
$$= (st)^{s+t} \left(1 + \frac{t}{s} + \log st\right)$$
$$z_t = \{(st)^{s+t}\}_t = yx^{y-1} \cdot s + x^y \log x \cdot 1$$
$$= (s+t)(st)^{s+t-1} s + (st)^{s+t} \log st$$
$$= (st)^{s+t} \left(1 + \frac{s}{t} + \log st\right)$$

練習問題 5

1. 公式 5.1 を用いて全微分を求めよ.

(1) $z = xy(x^3 - y^3)$ (2) $z = \sqrt{x^2 + y^2}$

(3) $z = (x^2 + y^2) e^{xy}$ (4) $z = \log(x^2 + xy - y^2)$

(5) $z = xy \sin(x - y)$ (6) $z = \tan^{-1} \dfrac{x}{y}$

2. 公式 5.2 を用いて, 変数 t による導関数 z_t を求めよ.

(1) $z = x^2 + xy + y^2$, $\quad x = t^2 + 2t$, $\quad y = t^2 - 2t$

(2) $z = \dfrac{x}{y}$, $\quad x = e^{2t} + e^{-2t}$, $\quad y = e^{2t} - e^{-2t}$

(3) $z = \tan^{-1}\dfrac{y}{x}$, $x = \cos 3t$, $y = \sin 3t$

(4) $z = \log(x^2+y^2)$, $x = e^t \cos t$, $y = e^t \sin t$

(5) $z = t^{t^2}$ ($z = x^y$, $x = t$, $y = t^2$ とおく)

(6) $z = t^{e^t}$ ($z = x^y$, $x = t$, $y = e^t$ とおく)

3. 公式 5.3 を用いて，変数 s, t による偏導関数 z_s, z_t を求めよ．

(1) $z = \dfrac{1}{xy}$, $x = e^{s+t}$, $y = e^{s-t}$

(2) $z = e^{\frac{y}{x}}$, $x = 3s+5t$, $y = s+2t$

(3) $z = x \sin y$, $x = \sqrt{s^2+t^2}$, $y = \tan^{-1}\dfrac{t}{s}$ ($s > 0$)

(4) $z = \sin^{-1}\dfrac{y}{x}$, $x = s^2+t^2$, $y = 2st$

(5) $z = (s+t)^{st}$ ($z = x^y$, $x = s+t$, $y = st$ とおく)

(6) $z = (st)^{t^s}$ ($z = x^y$, $x = st$, $y = t^s$ とおく)

解答

問 5.1 (1) $dz = (4x^3+6xy^2)\,dx + (6x^2y+4y^3)\,dy$

(2) $dz = -\dfrac{2y}{(x-y)^2}\,dx + \dfrac{2x}{(x-y)^2}\,dy$

(3) $dz = (y+xy)e^{x-y}\,dx + (x-xy)e^{x-y}\,dy$

(4) $dz = y \cos xy\,dx + x \cos xy\,dy$

問 5.2 (1) $z_t = -3x^2 \sin t - 3y^2 \cos t = -3 \sin t \cos t(\cos t + \sin t)$

(2) $z_t = 2y\left(1-\dfrac{1}{t^2}\right) + 2x\left(1+\dfrac{1}{t^2}\right) = 4\left(t+\dfrac{1}{t^3}\right)$

(3) $z_t = \dfrac{1}{x+y}\dfrac{e^t-e^{-t}}{2} + \dfrac{1}{x+y}\dfrac{e^t+e^{-t}}{2} = 1$

(4) $z_t = -\dfrac{1}{(x-y)^2}(2t+1) + \dfrac{1}{(x-y)^2}(2t-1) = -\dfrac{1}{2t^2}$

問 5.3 (1) $z_s = 3x^2 + 9y^2 = 84s^2 + 228st + 156t^2$
  $z_t = 6x^2 + 12y^2 = 114s^2 + 312st + 216t^2$

(2) $z_s = 4xy^2 s + 4x^2 ys = 8s^3(s^4-t^4)$
  $z_t = 4xy^2 t - 4x^2 yt = 8t^3(t^4-s^4)$

(3) $z_s = -\dfrac{y}{x^2}(e^t+e^{-t}) + \dfrac{1}{x}(e^t-e^{-t}) = 0$
  $z_t = -\dfrac{ys}{x^2}(e^t-e^{-t}) + \dfrac{s}{x}(e^t+e^{-t}) = \dfrac{4}{(e^t+e^{-t})^2}$

(4) $z_s = -\dfrac{2x}{(x^2+y^2)^2}e^s \cos t - \dfrac{2y}{(x^2+y^2)^2}e^s \sin t = -2e^{-2s}$
  $z_t = \dfrac{2x}{(x^2+y^2)^2}e^s \sin t - \dfrac{2y}{(x^2+y^2)^2}e^s \cos t = 0$

練習問題 5

1. (1) $dz = y(4x^3-y^3)\,dx + x(x^3-4y^3)\,dy$

(2) $dz = \dfrac{x}{\sqrt{x^2+y^2}}\,dx + \dfrac{y}{\sqrt{x^2+y^2}}\,dy$

(3) $dz = (2x+x^2y+y^3)e^{xy}\,dx + (2y+x^3+xy^2)e^{xy}\,dy$

(4) $dz = \dfrac{2x+y}{x^2+xy-y^2}\,dx + \dfrac{x-2y}{x^2+xy-y^2}\,dy$

(5) $dz = \{y\sin(x-y) + xy\cos(x-y)\}\,dx$
$\qquad + \{x\sin(x-y) - xy\cos(x-y)\}\,dy$

(6) $dz = \dfrac{y}{x^2+y^2}\,dx - \dfrac{x}{x^2+y^2}\,dy$

2. (1) $z_t = (2x+y)(2t+2) + (x+2y)(2t-2) = 4t(3t^2+2)$

(2) $z_t = \dfrac{2}{y}(e^{2t}-e^{-2t}) - \dfrac{2x}{y^2}(e^{2t}+e^{-2t}) = -\dfrac{8}{(e^{2t}-e^{-2t})^2}$

(3) $z_t = \dfrac{3y}{x^2+y^2}\sin 3t + \dfrac{3x}{x^2+y^2}\cos 3t = 3$

(4) $z_t = \dfrac{2x}{x^2+y^2}e^t(\cos t - \sin t) + \dfrac{2y}{x^2+y^2}e^t(\cos t + \sin t) = 2$

(5) $z_t = yx^{y-1} + x^y(\log x)2t = t^{t^2+1}(1 + 2\log t)$

(6) $z_t = yx^{y-1} + x^y(\log x)e^t = e^t t^{e^t-1}(1 + t\log t)$

3. (1) $z_s = -\dfrac{e^{s+t}}{x^2 y} - \dfrac{e^{s-t}}{xy^2} = -2e^{-2s}, \qquad z_t = -\dfrac{e^{s+t}}{x^2 y} + \dfrac{e^{s-t}}{xy^2} = 0$

(2) $z_s = -\dfrac{3y}{x^2}e^{\frac{y}{x}} + \dfrac{1}{x}e^{\frac{y}{x}} = -\dfrac{t}{(3s+5t)^2}e^{\frac{s+2t}{3s+5t}}$

$z_t = -\dfrac{5y}{x^2}e^{\frac{y}{x}} + \dfrac{2}{x}e^{\frac{y}{x}} = \dfrac{s}{(3s+5t)^2}e^{\frac{s+2t}{3s+5t}}$

(3) $z_s = \dfrac{s\sin y}{\sqrt{s^2+t^2}} - \dfrac{tx\cos y}{s^2+t^2} = 0$

$z_t = \dfrac{t\sin y}{\sqrt{s^2+t^2}} + \dfrac{sx\cos y}{s^2+t^2} = 1$

(4) $z_s = -\dfrac{2ys}{x\sqrt{x^2-y^2}} + \dfrac{2t}{\sqrt{x^2-y^2}} = \dfrac{2t(t^2-s^2)}{(s^2+t^2)|s^2-t^2|}$

$z_t = -\dfrac{2yt}{x\sqrt{x^2-y^2}} + \dfrac{2s}{\sqrt{x^2-y^2}} = \dfrac{2s(s^2-t^2)}{(s^2+t^2)|s^2-t^2|}$

(5) $z_s = yx^{y-1} + x^y(\log x)t = (s+t)^{st}\left\{\dfrac{st}{s+t} + t\log(s+t)\right\}$

$z_t = yx^{y-1} + x^y(\log x)s = (s+t)^{st}\left\{\dfrac{st}{s+t} + s\log(s+t)\right\}$

(6) $z_s = yx^{y-1}t + x^y(\log x)t^s\log t = (st)^{t^s-1}t^{s+1}(1 + s\log t \log st)$

$z_t = yx^{y-1}s + x^y(\log x)st^{s-1} = (st)^{t^s}t^{s-1}(1 + s\log st)$

§6　陰関数と媒介変数の偏微分，高次の偏微分

これまで従属変数が独立変数の式で表された関数を偏微分した．ここでは別の式で表された関数を偏微分する．また関数を何回も偏微分する．

6.1　陰関数の偏微分

独立変数と従属変数が混った関数を調べる．

関数 $z=2x+3y+1$ のように変数 z が変数 x と y の式で $z=f(x,y)$ と表されるならば，**陽関数**という．これに対して関数 $2x+3y-z+1=0$ のように変数 x と y と z の式で $F(x,y,z)=0$ と表されるならば，**陰関数**という．

例 1　陰関数を陽関数に直す．

中心 O，半径 2 の上半球は次のようになる．

$$x^2+y^2+z^2=4 \quad (z \geqq 0)$$
$$z^2 = 4-x^2-y^2$$
$$z = \sqrt{4-x^2-y^2}$$

[注意] 陽関数に直せない場合もある．
$$x^5+y^5+z^5+xyz=1$$

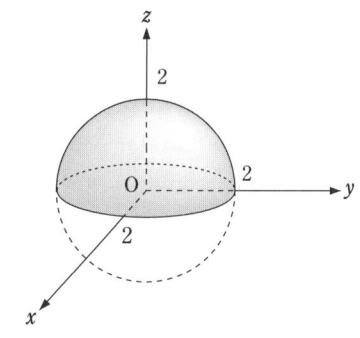

図 6.1　$x^2+y^2+z^2=4$ $(z \geqq 0)$ のグラフ．

陰関数を陽関数に直して微分すると，複雑な計算になることが多く，また陽関数に直せない場合もある．そこで陰関数のまま微分すると，次が成り立つ．

公式 6.1　陰関数の偏微分（2 変数の場合）

陰関数 $F(x,y)=0$ を偏微分して F_x, F_y と書くと
$$y' = \frac{dy}{dx} = -\frac{F_x}{F_y}$$

[解説] 陰関数 F を変数 x,y で偏微分して分数を作る．

公式 6.2　陰関数の偏微分（3 変数の場合）

陰関数 $F(x,y,z)=0$ を偏微分して F_x, F_y, F_z と書くと
$$z_x = \frac{\partial z}{\partial x} = -\frac{F_x}{F_z}, \quad z_y = \frac{\partial z}{\partial y} = -\frac{F_y}{F_z}$$

[解説] 陰関数 F を変数 x,y,z で偏微分して分数を作る．

例題 6.1 陰関数 F の偏微分を求め，公式 6.1, 6.2 を用いて偏微分せよ．

(1) $x^2+y^2=xy+1$　　(2) $x^5+y^5+z^5+xyz=1$

解 まず陰関数 F を作り偏微分してから公式 6.1, 6.2 を用いる．

(1) $F = x^2+y^2-xy-1 = 0$

公式 1.1 より
$$F_x = (x^2)_x+(y^2)_x-(x)_xy-(1)_x = 2x-y$$
$$F_y = (x^2)_y+(y^2)_y-x(y)_y-(1)_y = 2y-x$$
$$y' = -\frac{2x-y}{2y-x}$$

(2) $F = x^5+y^5+z^5+xyz-1 = 0$

公式 1.1 より
$$F_x = (x^5)_x+(y^5)_x+(z^5)_x+(x)_xyz-(1)_x = 5x^4+yz$$
$$F_y = (x^5)_y+(y^5)_y+(z^5)_y+x(y)_yz-(1)_y = 5y^4+xz$$
$$F_z = (x^5)_z+(y^5)_z+(z^5)_z+xy(z)_z-(1)_z = 5z^4+xy$$
$$z_x = -\frac{5x^4+yz}{5z^4+xy}, \quad z_y = -\frac{5y^4+xz}{5z^4+xy}$$

問 6.1 陰関数 F の偏微分を求め，公式 6.1, 6.2 を用いて偏微分せよ．

(1) $x^4+y^4 = x^3y+xy^3$　　(2) $x^3+y^3+z^3 = 3x^2y^2z^2$

(3) $e^x+e^y+e^z = e^{x+y+z}$

(4) $\sin x \cos y \tan z = \cos x + \tan y + \sin z$

6.2 媒介変数で表された関数の偏微分

独立変数と従属変数以外の変数を含む関数を調べる．

x と y と z 以外の変数，たとえば変数 s と t の式で $x=f(s,t)$, $y=g(s,t)$, $z=h(s,t)$ と表されるならば，媒介変数表示という．この s と t を**媒介変数**（パラメタ）という．媒介変数を消して変数 x と y と z の式にすると，グラフの形がわかる．

例 2 媒介変数を消す．

中心 O，半径 2 の球を媒介変数で表すと次のようになる．
$$\begin{cases} x = 2\sin s \cos t \\ y = 2\sin s \sin t \\ z = 2\cos s \end{cases}$$

変数 x と y と z の方程式に直すと，例 1 と等しくなる．

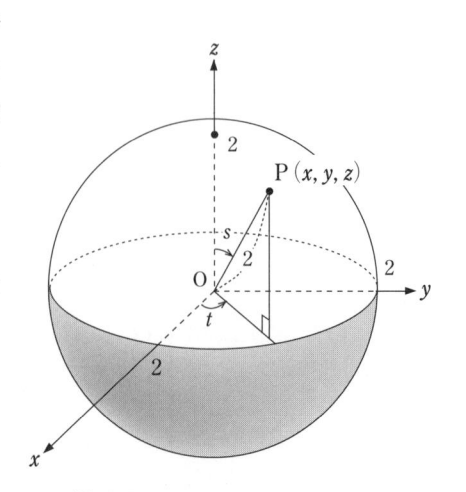

図 6.2 $x=2\sin s \cos t$, $y=2\sin s \sin t$, $z=2\cos s$ のグラフ．

$$x^2+y^2+z^2 = 4\sin^2 s\cos^2 t + 4\sin^2 s\sin^2 t + 4\cos^2 s$$
$$= 4\sin^2 s(\cos^2 t+\sin^2 t)+4\cos^2 s$$
$$= 4(\sin^2 s+\cos^2 s) = 4$$

[注意] 媒介変数を消せない場合もある．
$$x = s-\sin s, \quad y = (1-\cos s)\cos t, \quad z = (1-\cos s)\sin t$$

媒介変数を消すと陰関数になるが，消せない場合もある．そこで媒介変数を用いて微分する方法を考えると，次が成り立つ．

公式 6.3 媒介変数で微分（1 変数の場合）

媒介変数 t の式 $x = f(t)$, $y = g(t)$ を微分して x_t, y_t と書くと

$$y' = \frac{dy}{dx} = \frac{\dfrac{dy}{dt}}{\dfrac{dx}{dt}} = \frac{y_t}{x_t}$$

[解説] 媒介変数 t で変数 x, y を微分して分数を作る．

公式 6.4 媒介変数で偏微分（2 変数の場合）

媒介変数 s, t の式 $x = f(s,t)$, $y = g(s,t)$, $z = h(s,t)$ を微分して $x_s, x_t, y_s, y_t, z_s, z_t$ と書くと

$$z_x = \frac{\partial z}{\partial x} = \frac{\dfrac{\partial(z,y)}{\partial(s,t)}}{\dfrac{\partial(x,y)}{\partial(s,t)}} = \frac{\begin{vmatrix} z_s & z_t \\ y_s & y_t \end{vmatrix}}{\begin{vmatrix} x_s & x_t \\ y_s & y_t \end{vmatrix}} = \frac{z_s y_t - z_t y_s}{x_s y_t - x_t y_s}$$

$$z_y = \frac{\partial z}{\partial y} = \frac{\dfrac{\partial(x,z)}{\partial(s,t)}}{\dfrac{\partial(x,y)}{\partial(s,t)}} = \frac{\begin{vmatrix} x_s & x_t \\ z_s & z_t \end{vmatrix}}{\begin{vmatrix} x_s & x_t \\ y_s & y_t \end{vmatrix}} = \frac{x_s z_t - x_t z_s}{x_s y_t - x_t y_s}$$

[解説] 媒介変数 s, t で変数 x, y, z を偏微分して分数を作る．

[注意] 記号 $\dfrac{\partial(x,y)}{\partial(s,t)} = \begin{vmatrix} x_s & x_t \\ y_s & y_t \end{vmatrix}$ などをヤコビ行列式（ヤコビアン）という．

例題 6.2 媒介変数 s, t による偏微分を求め，公式 6.3, 6.4 を用いて偏微分せよ．

(1) $\begin{cases} x = t^2+t+1 \\ y = t^2-t+1 \end{cases}$ (2) $\begin{cases} x = s+t \\ y = st \\ z = s^2+t^2 \end{cases}$

解 まず媒介変数で偏微分してから，公式 6.3, 6.4 を用いる．

(1) 公式 1.1 より
$$\begin{cases} x_t = (t^2+t+1)' = 2t+1 \\ y_t = (t^2-t+1)' = 2t-1 \end{cases}$$
$$y' = \frac{2t-1}{2t+1}$$

(2) 公式 1.1 より
$$\begin{cases} x_s = (s)_s + (t)_s = 1 \\ y_s = (s)_s t = t \\ z_s = (s^2)_s + (t^2)_s = 2s \end{cases}, \quad \begin{cases} x_t = (s)_t + (t)_t = 1 \\ y_t = s(t)_t = s \\ z_t = (s^2)_t + (t^2)_t = 2t \end{cases}$$

$$z_x = \frac{\begin{vmatrix} 2s & 2t \\ t & s \end{vmatrix}}{\begin{vmatrix} 1 & 1 \\ t & s \end{vmatrix}} = \frac{2(s^2-t^2)}{s-t} = 2(s+t)$$

$$z_y = \frac{\begin{vmatrix} 1 & 1 \\ 2s & 2t \end{vmatrix}}{\begin{vmatrix} 1 & 1 \\ t & s \end{vmatrix}} = \frac{2(t-s)}{s-t} = -2$$

問 6.2 媒介変数 s, t による偏微分を求め，公式 6.3, 6.4 を用いて偏微分せよ．

(1) $\begin{cases} x = t^5 - t^3 \\ y = t^5 + t^3 \end{cases}$ (2) $\begin{cases} x = s+t \\ y = s-t \\ z = s^2 + t^2 \end{cases}$

(3) $\begin{cases} x = e^{2s} + e^{2t} \\ y = e^{2s} - e^{2t} \\ z = 2e^{s+t} \end{cases}$ (4) $\begin{cases} x = \cos s + \sin t \\ y = \sin s + \cos t \\ z = \sin(s+t) \end{cases}$

6.3 高次の偏微分

関数を繰り返し偏微分する．

何回も偏微分すると新しい偏導関数が得られる．これらを**高次偏導関数**という．次のように表す．

$$\underbrace{z_x = \frac{\partial z}{\partial x}, \; z_y = \frac{\partial z}{\partial y}}_{\text{(1 次) 偏導関数}},$$

$$\underbrace{z_{xx} = \frac{\partial^2 z}{\partial x^2}, \; z_{xy} = \frac{\partial^2 z}{\partial y \partial x}, \; z_{yx} = \frac{\partial^2 z}{\partial x \partial y}, \; z_{yy} = \frac{\partial^2 z}{\partial y^2}}_{\text{2 次偏導関数}},$$

$\cdots,$

$$\underbrace{z_{x^m y^n} = \frac{\partial^{m+n} z}{\partial x^m \partial y^n}}_{(m+n)\text{次偏導関数}}, \cdots$$

高次の偏微分では順序について考えると，次が成り立つ．

> **公式 6.5　偏微分の順序**
> z_{xy} と z_{yx} が連続ならば $z_{xy} = z_{yx}$．

[解説] 偏導関数が連続ならば，偏微分の順序が違っても等しくなる．

例3 高次偏導関数を求める．

$z = x^3 y^4$, $\quad z_x = 3x^2 y^4$, $\quad z_{xx} = 6xy^4$, $\quad z_{xxx} = 6y^4$

$\quad\quad\quad\quad z_y = 4x^3 y^3$, $\quad z_{xy} = 12x^2 y^3$, $\quad z_{xxy} = z_{xyx} = z_{yxx} = 24xy^3$

$\quad\quad\quad\quad\quad\quad\quad\quad\quad z_{yx} = 12x^2 y^3$, $\quad z_{xyy} = z_{yxy} = z_{yyx} = 36x^2 y^2$

$\quad\quad\quad\quad\quad\quad\quad\quad\quad z_{yy} = 12x^3 y^2$, $\quad z_{yyy} = 24x^3 y$

> **例題 6.3** $z_x, z_y, z_{xx}, z_{xy}, z_{yy}$ を求めよ．
> (1) $z = x^2 y + 2xy^2$ 　(2) $z = \dfrac{1}{3x - 2y}$

[解] いろいろな微分公式を用いて計算する．

(1) 公式 1.1 より

$$z_x = (x^2)_x y + 2(x)_x y^2 = 2xy + 2y^2$$
$$z_y = x^2 (y)_y + 2x(y^2)_y = x^2 + 4xy$$
$$z_{xx} = 2(x)_x y + 2(y^2)_x = 2y$$
$$z_{xy} = 2x(y)_y + 2(y^2)_y = 2x + 4y$$
$$z_{yy} = (x^2)_y + 4x(y)_y = 4x$$

(2) $z = \dfrac{1}{3x - 2y} = (3x - 2y)^{-1}$

公式 1.1, 2.4 より

$$z_x = \{(3x-2y)^{-1}\}_x = -(3x-2y)^{-2}(3x-2y)_x$$
$$= -3(3x-2y)^{-2} = -\frac{3}{(3x-2y)^2}$$
$$z_y = \{(3x-2y)^{-1}\}_y = -(3x-2y)^{-2}(3x-2y)_y$$
$$= 2(3x-2y)^{-2} = \frac{2}{(3x-2y)^2}$$
$$z_{xx} = -3\{(3x-2y)^{-2}\}_x = 6(3x-2y)^{-3}(3x-2y)_x$$
$$= 18(3x-2y)^{-3} = \frac{18}{(3x-2y)^3}$$

$$z_{xy} = -3\{(3x-2y)^{-2}\}_y = 6(3x-2y)^{-3}(3x-2y)_y$$
$$= -12(3x-2y)^{-3} = -\frac{12}{(3x-2y)^3}$$
$$z_{yy} = 2\{(3x-2y)^{-2}\}_y = -4(3x-2y)^{-3}(3x-2y)_y$$
$$= 8(3x-2y)^{-3} = \frac{8}{(3x-2y)^3}$$

問 6.3 $z_x, z_y, z_{xx}, z_{xy}, z_{yy}$ を求めよ．

(1) $z = x^2 + \dfrac{x}{y} + \dfrac{1}{y^2}$ 　(2) $z = \sqrt{2x+y}$

(3) $z = e^{xy}$ 　(4) $z = \sin(3x-4y)$

練習問題 6

1. 陰関数 F の偏微分を求め，公式 6.1, 6.2 を用いて偏微分せよ．

(1) $\dfrac{1}{x^2} + \dfrac{1}{y^2} = \dfrac{1}{xy} + 1$

(2) $\cos(x+y) + \sin(x-y) = \cos x - \sin y$

(3) $\sqrt{x} + \sqrt{y} + \sqrt{z} = 1$ 　(4) $e^{x^2} e^{y^2} e^{z^2} = e^{xyz}$

(5) $\log x \log y \log z = \log xyz$ 　(6) $\cos^{-1} x + \sin^{-1} y + \tan^{-1} z = \pi$

2. 媒介変数 s, t による偏微分を求め，公式 6.3, 6.4 を用いて偏微分せよ．

(1) $\begin{cases} x = \sqrt{t} + \dfrac{1}{\sqrt{t}} \\ y = \sqrt{t} - \dfrac{1}{\sqrt{t}} \end{cases}$ 　(2) $\begin{cases} x = \log(t^2+1) \\ y = \log(t^2-1) \end{cases}$

(3) $\begin{cases} x = s^2 + st + t^2 \\ y = s^2 - st + t^2 \\ z = s + t \end{cases}$ 　(4) $\begin{cases} x = \dfrac{1}{s} + \dfrac{1}{t} \\ y = \dfrac{1}{s} - \dfrac{1}{t} \\ z = \dfrac{4}{st} \end{cases}$

(5) $\begin{cases} x = s \cos t \\ y = s \sin t \\ z = t \end{cases}$ 　(6) $\begin{cases} x = \sin s \cos t \\ y = \sin s \sin t \\ z = \cos s \end{cases}$

3. $z_x, z_y, z_{xx}, z_{xy}, z_{yy}$ を求めよ．

(1) $z = \dfrac{x+y}{x-y}$ 　(2) $z = \sqrt{x^2+y^2}$

(3) $z = e^{\frac{y}{x}}$ 　(4) $z = \dfrac{1}{\log(x-y)}$

(5) $z = \sin^2(y-x)$　　　(6) $z = \tan^{-1}xy$

解答

問 6.1 (1) $F_x = 4x^3 - 3x^2y - y^3$,　$F_y = 4y^3 - x^3 - 3xy^2$

$$y' = -\frac{4x^3 - y^3 - 3x^2y}{4y^3 - x^3 - 3xy^2}$$

(2) $F_x = 3x^2 - 6xy^2z^2$,　$F_y = 3y^2 - 6x^2yz^2$,　$F_z = 3z^2 - 6x^2y^2z$

$$z_x = -\frac{x^2 - 2xy^2z^2}{z^2 - 2x^2y^2z},\quad z_y = -\frac{y^2 - 2x^2yz^2}{z^2 - 2x^2y^2z}$$

(3) $F_x = e^x - e^{x+y+z}$,　$F_y = e^y - e^{x+y+z}$,　$F_z = e^z - e^{x+y+z}$

$$z_x = -\frac{e^x - e^{x+y+z}}{e^z - e^{x+y+z}},\quad z_y = -\frac{e^y - e^{x+y+z}}{e^z - e^{x+y+z}}$$

(4) $F_x = \cos x \cos y \tan z + \sin x$,　$F_y = -\sin x \sin y \tan z - \sec^2 y$

$F_z = \sin x \cos y \sec^2 z - \cos z$,　$z_x = -\dfrac{\cos x \cos y \tan z + \sin x}{\sin x \cos y \sec^2 z - \cos z}$

$$z_y = \frac{\sin x \sin y \tan z + \sec^2 y}{\sin x \cos y \sec^2 z - \cos z}$$

問 6.2 (1) $x_t = 5t^4 - 3t^2$,　$y_t = 5t^4 + 3t^2$,　$y' = \dfrac{5t^2 + 3}{5t^2 - 3}$

(2) $x_s = 1$,　$x_t = 1$,　$y_s = 1$,　$y_t = -1$,　$z_s = 2s$,　$z_t = 2t$

$z_x = s+t$,　$z_y = s-t$

(3) $x_s = 2e^{2s}$,　$x_t = 2e^{2t}$,　$y_s = 2e^{2s}$,　$y_t = -2e^{2t}$

$z_s = 2e^{s+t}$,　$z_t = 2e^{s+t}$,　$z_x = \dfrac{e^{s+3t} + e^{3s+t}}{2e^{2s+2t}} = \dfrac{e^{t-s} + e^{s-t}}{2}$

$$z_y = \frac{e^{s+3t} - e^{3s+t}}{2e^{2s+2t}} = \frac{e^{t-s} - e^{s-t}}{2}$$

(4) $x_s = -\sin s$,　$x_t = \cos t$,　$y_s = \cos s$,　$y_t = -\sin t$

$z_s = \cos(s+t)$,　$z_t = \cos(s+t)$

$z_x = \dfrac{-\cos(s+t)(\cos s + \sin t)}{\sin s \sin t - \cos s \cos t} = \cos s + \sin t$

$z_y = \dfrac{-\cos(s+t)(\sin s + \cos t)}{\sin s \sin t - \cos s \cos t} = \sin s + \cos t$

問 6.3 (1) $z_x = 2x + \dfrac{1}{y}$,　$z_y = -\dfrac{x}{y^2} - \dfrac{2}{y^3}$,　$z_{xx} = 2$,　$z_{xy} = -\dfrac{1}{y^2}$

$$z_{yy} = \frac{2x}{y^3} + \frac{6}{y^4}$$

(2) $z_x = \dfrac{1}{\sqrt{2x+y}}$,　$z_y = \dfrac{1}{2\sqrt{2x+y}}$,　$z_{xx} = -\dfrac{1}{\sqrt{2x+y}^3}$

$$z_{xy} = -\frac{1}{2\sqrt{2x+y}^3},\quad z_{yy} = -\frac{1}{4\sqrt{2x+y}^3}$$

(3) $z_x = ye^{xy}$,　$z_y = xe^{xy}$,　$z_{xx} = y^2e^{xy}$,　$z_{xy} = (1+xy)e^{xy}$

$z_{yy} = x^2e^{xy}$

(4) $z_x = 3\cos(3x-4y)$,　$z_y = -4\cos(3x-4y)$

$z_{xx} = -9\sin(3x-4y)$,　$z_{xy} = 12\sin(3x-4y)$

$z_{yy} = -16\sin(3x-4y)$

練習問題 6

1. (1) $F_x = -\dfrac{2}{x^3} + \dfrac{1}{x^2 y}$, $F_y = -\dfrac{2}{y^3} + \dfrac{1}{xy^2}$, $y' = -\dfrac{y^2(x-2y)}{x^2(y-2x)}$

(2) $F_x = -\sin(x+y) + \cos(x-y) + \sin x$
$F_y = -\sin(x+y) - \cos(x-y) + \cos y$
$y' = -\dfrac{\sin(x+y) - \cos(x-y) - \sin x}{\sin(x+y) + \cos(x-y) - \cos y}$

(3) $F_x = \dfrac{1}{2\sqrt{x}}$, $F_y = \dfrac{1}{2\sqrt{y}}$, $F_z = \dfrac{1}{2\sqrt{z}}$, $z_x = -\dfrac{\sqrt{z}}{\sqrt{x}}$
$z_y = -\dfrac{\sqrt{z}}{\sqrt{y}}$

(4) $F_x = 2xe^{x^2}e^{y^2}e^{z^2} - yze^{xyz}$, $F_y = 2ye^{x^2}e^{y^2}e^{z^2} - xze^{xyz}$
$F_z = 2ze^{x^2}e^{y^2}e^{z^2} - xye^{xyz}$
$z_x = -\dfrac{2xe^{x^2}e^{y^2}e^{z^2} - yze^{xyz}}{2ze^{x^2}e^{y^2}e^{z^2} - xye^{xyz}}$, $z_y = -\dfrac{2ye^{x^2}e^{y^2}e^{z^2} - xze^{xyz}}{2ze^{x^2}e^{y^2}e^{z^2} - xye^{xyz}}$

(5) $F_x = \dfrac{\log y \log z - 1}{x}$, $F_y = \dfrac{\log x \log z - 1}{y}$
$F_z = \dfrac{\log x \log y - 1}{z}$, $z_x = -\dfrac{z(\log y \log z - 1)}{x(\log x \log y - 1)}$
$z_y = -\dfrac{z(\log x \log z - 1)}{y(\log x \log y - 1)}$

(6) $F_x = -\dfrac{1}{\sqrt{1-x^2}}$, $F_y = \dfrac{1}{\sqrt{1-y^2}}$, $F_z = \dfrac{1}{z^2+1}$, $z_x = \dfrac{z^2+1}{\sqrt{1-x^2}}$
$z_y = -\dfrac{z^2+1}{\sqrt{1-y^2}}$

2. (1) $x_t = \dfrac{1}{2\sqrt{t}} - \dfrac{1}{2\sqrt{t}^3}$, $y_t = \dfrac{1}{2\sqrt{t}} + \dfrac{1}{2\sqrt{t}^3}$, $y' = \dfrac{t+1}{t-1}$

(2) $x_t = \dfrac{2t}{t^2+1}$, $y_t = \dfrac{2t}{t^2-1}$, $y' = \dfrac{t^2+1}{t^2-1}$

(3) $x_s = 2s+t$, $x_t = s+2t$, $y_s = 2s-t$, $y_t = -s+2t$
$z_s = 1$, $z_t = 1$, $z_x = \dfrac{3}{4(s+t)}$, $z_y = -\dfrac{1}{4(s+t)}$

(4) $x_s = -\dfrac{1}{s^2}$, $x_t = -\dfrac{1}{t^2}$, $y_s = -\dfrac{1}{s^2}$, $y_t = \dfrac{1}{t^2}$, $z_s = -\dfrac{4}{s^2 t}$
$z_t = -\dfrac{4}{st^2}$, $z_x = \dfrac{2}{t} + \dfrac{2}{s}$, $z_y = \dfrac{2}{t} - \dfrac{2}{s}$

(5) $x_s = \cos t$, $x_t = -s\sin t$, $y_s = \sin t$, $y_t = s\cos t$
$z_s = 0$, $z_t = 1$, $z_x = -\dfrac{\sin t}{s}$, $z_y = \dfrac{\cos t}{s}$

(6) $x_x = \cos s \cos t$, $x_t = -\sin s \sin t$, $y_s = \cos s \sin t$
$y_t = \sin s \cos t$, $z_s = -\sin s$, $z_t = 0$, $z_x = -\dfrac{\sin s \cos t}{\cos s}$
$z_y = -\dfrac{\sin s \sin t}{\cos s}$

3. (1) $z_x = -\dfrac{2y}{(x-y)^2}$, $z_y = \dfrac{2x}{(x-y)^2}$, $z_{xx} = \dfrac{4y}{(x-y)^3}$

$$z_{xy} = -\frac{2(x+y)}{(x-y)^3}, \quad z_{yy} = \frac{4x}{(x-y)^3}$$

(2) $\displaystyle z_x = \frac{x}{\sqrt{x^2+y^2}}, \quad z_y = \frac{y}{\sqrt{x^2+y^2}}, \quad z_{xx} = \frac{y^2}{\sqrt{x^2+y^2}^3}$

$\displaystyle z_{xy} = -\frac{xy}{\sqrt{x^2+y^2}^3}, \quad z_{yy} = \frac{x^2}{\sqrt{x^2+y^2}^3}$

(3) $\displaystyle z_x = -\frac{y}{x^2}e^{\frac{y}{x}}, \quad z_y = \frac{1}{x}e^{\frac{y}{x}}, \quad z_{xx} = \frac{2xy+y^2}{x^4}e^{\frac{y}{x}}$

$\displaystyle z_{xy} = -\frac{x+y}{x^3}e^{\frac{y}{x}}, \quad z_{yy} = \frac{1}{x^2}e^{\frac{y}{x}}$

(4) $\displaystyle z_x = -\frac{1}{\{\log(x-y)\}^2(x-y)}, \quad z_y = \frac{1}{\{\log(x-y)\}^2(x-y)}$

$\displaystyle z_{xx} = \frac{2+\log(x-y)}{\{\log(x-y)\}^3(x-y)^2}, \quad z_{xy} = -\frac{2+\log(x-y)}{\{\log(x-y)\}^3(x-y)^2}$

$\displaystyle z_{yy} = \frac{2+\log(x-y)}{\{\log(x-y)\}^3(x-y)^2}$

(5) $z_x = -2\sin(y-x)\cos(y-x), \quad z_y = 2\sin(y-x)\cos(y-x)$

$z_{xx} = 2\{\cos^2(y-x) - \sin^2(y-x)\}$

$z_{xy} = 2\{\sin^2(y-x) - \cos^2(y-x)\}$

$z_{yy} = 2\{\cos^2(y-x) - \sin^2(y-x)\}$

(6) $\displaystyle z_x = \frac{y}{x^2y^2+1}, \quad z_y = \frac{x}{x^2y^2+1}, \quad z_{xx} = -\frac{2xy^3}{(x^2y^2+1)^2}$

$\displaystyle z_{xy} = \frac{1-x^2y^2}{(x^2y^2+1)^2}, \quad z_{yy} = -\frac{2x^3y}{(x^2y^2+1)^2}$

§7 偏微分の応用

偏微分して接平面の傾きを求めると曲面の形がわかる．ここでは偏微分の応用として2変数関数の極大と極小を調べ，接平面と法線を求める．さらに別の応用として2変数関数を展開する．

7.1 関数の極大と極小

偏微分を用いて2変数関数の極大と極小を求める．

極大点や極小点では接平面 π の傾きが0になる（図7.1，7.2）．

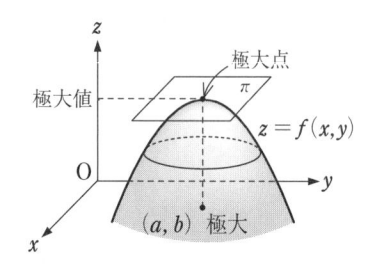

図 7.1 極大点での接平面．　　図 7.2 極小点での接平面．

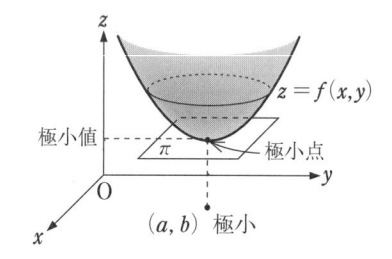

2変数関数の極大，極小と偏導関数についてまとめておく．

公式 7.1　偏導関数と極大，極小

関数 $z = f(x, y)$ が点 (a, b) で極大または極小ならば
$$f_x(a, b) = f_y(a, b) = 0$$

[解説] 極大点や極小点では偏導関数の値が0になる．

[注意] 接平面の傾き（偏導関数の値）が0でも，極大や極小にならないことがある．たとえば峠点でも接平面 π の傾きは0になる（図7.3）．

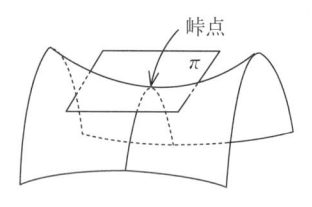

図 7.3　峠点での接平面．

2次偏導関数を用いると2変数関数を詳しく調べられる．

公式 7.2　2次偏導関数と極大，極小の判定

関数 $z = f(x, y)$ が $f_x(a, b) = f_y(a, b) = 0$ を満たすとする．判別式を $D = f_{xy}(a, b)^2 - f_{xx}(a, b)f_{yy}(a, b)$ とおく．

(1) $D < 0$
$\begin{cases} f_{xx}(a, b) < 0 \text{ ならば極大になる．} \\ f_{xx}(a, b) > 0 \text{ ならば極小になる．} \end{cases}$

(2) $D > 0$ ならば極大，極小でない．

(3) $D = 0$ ならばわからない．

[解説] ある点で偏導関数の値が0のとき，判別式 D や2次偏導関数の符号か

ら極大,極小を判定する.

> **例題 7.1** 公式 7.1, 7.2 を用いて極大,極小を調べよ.
> (1) $z = x^2 + y^2 + 1$ (2) $z = 2 - x^2 - y^2$ (3) $z = -x^2 + y^2$

解 まず偏導関数が $z_x = z_y = 0$ となる点を求める.次に2次偏導関数の値を計算して極大や極小を判定する.

(1) $z = x^2 + y^2 + 1$

公式 1.1 より
$$z_x = 2x = 0, \quad z_y = 2y = 0$$
よって $(x, y) = (0, 0)$
$$z_{xx} = 2, \quad z_{xy} = 0, \quad z_{yy} = 2$$
$(0, 0)$ で $D = 0^2 - 2 \times 2 = -4 < 0$,$z_{xx} > 0$ より極小になる(図 7.4).

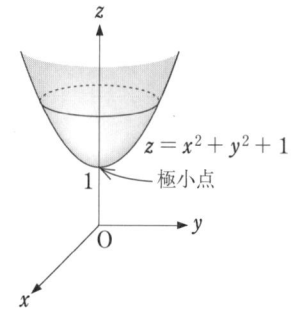

図 7.4 $z = x^2 + y^2 + 1$ のグラフ.

(2) $z = 2 - x^2 - y^2$

公式 1.1 より
$$z_x = -2x = 0, \quad z_y = -2y = 0$$
よって $(x, y) = (0, 0)$
$$z_{xx} = -2, \quad z_{xy} = 0, \quad z_{yy} = -2$$
$(0, 0)$ で $D = 0^2 - (-2) \times (-2) = -4 < 0$,$z_{xx} < 0$ より極大になる(図 7.5).

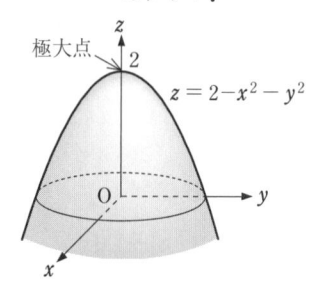

図 7.5 $z = 2 - x^2 - y^2$ のグラフ.

(3) $z = -x^2 + y^2$

公式 1.1 より
$$z_x = -2x = 0, \quad z_y = 2y = 0$$
よって $(x, y) = (0, 0)$
$$z_{xx} = -2, \quad z_{xy} = 0, \quad z_{yy} = 2$$
$(0, 0)$ で $D = 0^2 - (-2) \times 2 = 4 > 0$ より極大,極小でない(図 7.6 より峠点).

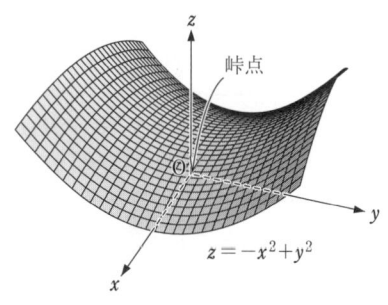

図 7.6 $z = -x^2 + y^2$ のグラフ.

> **問 7.1** 公式 7.1, 7.2 を用いて極大,極小を調べよ.
> (1) $z = -2x^2 + 2xy - y^2$ (2) $z = x^2 + 4xy + 2y^2$
> (3) $z = x^2 + xy + y^2 - x + y$ (4) $z = x^2 - 4xy - 2y^2 + x - 2y$

7.2 接平面と法線

曲面の接平面と法線を調べる．

接平面とそれに垂直な直線（法線）を求める．まず平面と法線の方程式を見ておく．

> **公式 7.3　平面と法線の方程式**
> (1) 点 $A(a, b, c)$ を通り，x 軸方向の傾きが h，y 軸方向の傾きが k の平面 π は
> $$z = h(x-a) + k(y-b) + c$$
> (2) 点 $A(a, b, c)$ を通り，平面 π に垂直な直線（法線）n は
> $$\frac{x-a}{h} = \frac{y-b}{k} = \frac{z-c}{-1}$$

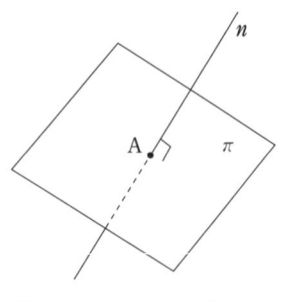

図 7.7　平面 π と垂線 n．

これより接平面と法線の方程式は次のようになる．

> **公式 7.4　接平面と法線の方程式**
> 曲面 $z = f(x, y)$ 上の点 $A(a, b, c)$ で
> (1) 接平面 π は
> $$z = f_x(a, b)(x-a) + f_y(a, b)(y-b) + c$$
> (2) 法線 N は
> $$\frac{x-a}{f_x(a, b)} = \frac{y-b}{f_y(a, b)} = \frac{z-c}{-1}$$

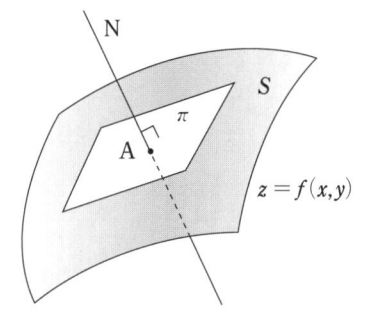

図 7.8　曲面 S の接平面 π と法線 N．

[解説]　偏微分で接平面の各方向の傾きが $f_x(a, b)$，$f_y(a, b)$ になるので，公式 7.3 から平面や直線の方程式が求まる．

> **例題 7.2**　公式 7.4 を用いて各点での接平面と法線を求めよ．
> $$z = x^2 + y^3 + 1 \quad (x = 1, y = 2)$$

[解]　偏微分して偏導関数 z_x, z_y の値を計算し，接平面と法線の方程式を求める．

$$z = x^2 + y^3 + 1$$

公式 1.1 より

$$z_x = 2x, \quad z_y = 3y^2$$

$x = 1$，$y = 2$ ならば $z = 10$，$z_x = 2$，$z_y = 12$　より

$$\pi : z = 2(x-1) + 12(y-2) + 10 = 2x + 12y - 16$$

$$N : \frac{x-1}{2} = \frac{y-2}{12} = \frac{z-10}{-1} \text{ または } \frac{x-1}{2} = \frac{y-2}{12} = -(z-10)$$

問 7.2 公式 7.4 を用いて各点での接平面と法線を求めよ．

(1) $z = x^2 + y^2 - x - 2y$ $(x = 1, y = -1)$

(2) $z = \dfrac{1}{x - 2y}$ $(x = 1, y = 1)$

(3) $z = e^{x+2y+3}$ $(x = 1, y = 2)$

(4) $z = \sin(2x + y)$ $\left(x = \dfrac{\pi}{3}, y = \dfrac{\pi}{6}\right)$

[注意] 曲面が陰関数 $F(x, y, z) = 0$ や媒介変数 $x = f(s, t)$, $y = g(s, t)$, $z = h(s, t)$ で表されているときは，公式 6.2 や 6.4 を用いて偏導関数 z_x, z_y を求めてから公式 7.4 を使う．

7.3 関数の展開

いろいろな 2 変数関数を多項式のように表す．

例 1 2 変数関数 $z = \dfrac{1}{(1-x)(1-y)}$ を変数 x, y のべき $x^m y^n$ の和に展開する．

$$\begin{aligned} z &= \frac{1}{(1-x)(1-y)} = \frac{1}{1-x} \cdot \frac{1}{1-y} \\ &= (1 + x + x^2 + x^3 + \cdots)(1 + y + y^2 + y^3 + \cdots) \\ &= 1 + x + y + x^2 + xy + y^2 + x^3 + x^2 y + xy^2 + y^3 + \cdots \end{aligned}$$

$$\begin{array}{r} 1 + x + x^2 + x^3 \\ \hline 1 - x) \overline{1} \\ \underline{1 - x} \\ x \\ \underline{x - x^2} \\ x^2 \\ \underline{x^2 - x^3} \\ x^3 \end{array}$$

$-1 < x < 1$, $-1 < y < 1$ ならば余り x^m と y^n は $\lim\limits_{m \to \infty} x^m = 0$, $\lim\limits_{n \to \infty} y^n = 0$．よって関数を多項式のように表せる．

● 展開の意味と記号

一般の 2 変数関数を展開する．

関数 $z = f(x, y)$ を点 (a, b) で式 $x - a$, $y - b$ のべき $(x-a)^m (y-b)^n$ の和（**べき級数**）に展開すると

$$\begin{aligned} f(x, y) = &\, c_{00} + c_{10}(x-a) + c_{01}(y-b) + c_{20}(x-a)^2 \\ &+ c_{11}(x-a)(y-b) + c_{02}(y-b)^2 + \cdots \end{aligned}$$

特に $a = b = 0$ のときは

$$f(x, y) = c_{00} + c_{10} x + c_{01} y + c_{20} x^2 + c_{11} xy + c_{02} y^2 + \cdots$$

点 (a, b) を**中心**という．展開するときの係数 c_{mn} の求め方について考える．偏微分と代入を繰り返すと

$$f(0, 0) = c_{00}$$
$$f_x(x, y) = c_{10} + 2 c_{20} x + c_{11} y + \cdots$$
$$f_x(0, 0) = c_{10}, \text{ 同様にして } f_y(0, 0) = c_{01}$$
$$f_{xx}(x, y) = 2 c_{20} + \cdots$$

$$f_{xx}(0,0) = 2c_{20}, \quad \frac{1}{2}f_{xx}(0,0) = c_{20}$$

同様にして $f_{xy}(0,0) = c_{11}, \quad \frac{1}{2}f_{yy}(0,0) = c_{02}$

これより次が成り立つ．

公式 7.5　マクローリン級数展開，原点 O でのテーラー級数展開

関数 $z = f(x,y)$ を原点 $(0,0)$ でべき級数に展開すると（ただし，$0! = 1$，$n! = 1 \times 2 \times \cdots \times n$ は階乗）

$$f(x,y) = f(0,0) + f_x(0,0)x + f_y(0,0)y + \frac{1}{2!}f_{xx}(0,0)x^2$$
$$+ f_{xy}(0,0)xy + \frac{1}{2!}f_{yy}(0,0)y^2 + \cdots$$
$$+ \frac{1}{m!n!}f_{x^m y^n}(0,0)x^m y^n + \cdots$$

[解説] 原点 $(0,0)$ で何回も偏微分すると，べき級数展開の係数が求まる．

さらに点 (a,b) でも同様な結果が成り立つ．

公式 7.6　テーラー級数展開

関数 $z = f(x,y)$ を点 (a,b) でべき級数に展開すると

$$f(x,y) = f(a,b) + f_x(a,b)(x-a) + f_y(a,b)(y-b)$$
$$+ \frac{1}{2!}f_{xx}(a,b)(x-a)^2 + f_{xy}(a,b)(x-a)(y-b)$$
$$+ \frac{1}{2!}f_{yy}(a,b)(y-b)^2 + \cdots$$
$$+ \frac{1}{m!n!}f_{x^m y^n}(a,b)(x-a)^m(y-b)^n + \cdots$$

[解説] 点 (a,b) で何回も偏微分すると，べき級数展開の係数が求まる．

例題 7.3　公式 7.5, 7.6 を用いて各点でべき級数に展開せよ．

(1) $z = \dfrac{1}{(1-x)(1-y)} \quad (x=0, y=0)$

(2) $z = e^{x-y} \quad (x=0, y=0)$

(3) $z = \cos(x+y) \quad (x=2\pi, y=\pi)$

[解] 何回も偏微分して偏導関数 $z, z_x, z_y, z_{xx}, z_{xy}, z_{yy}, \cdots$ の値を計算し，展開の係数を求める．(1) は例 1 の結果と等しくなる．

(1) 公式 1.1, 2.4 より

$$z = \frac{1}{(1-x)(1-y)}, \quad z_x = \frac{1}{(1-x)^2(1-y)}, \quad z_y = \frac{1}{(1-x)(1-y)^2}$$

$$z_{xx} = \frac{2}{(1-x)^3(1-y)}, \quad z_{xy} = \frac{1}{(1-x)^2(1-y)^2}, \quad z_{yy} = \frac{2}{(1-x)(1-y)^3}, \cdots$$

$x=0, y=0$ として

$$\frac{1}{(1-0)(1-0)} = 1, \quad \frac{1}{(1-0)^2(1-0)} = 1, \quad \frac{1}{(1-0)(1-0)^2} = 1$$

$$\frac{2}{(1-0)^3(1-0)} = 2, \quad \frac{1}{(1-0)^2(1-0)^2} = 1, \quad \frac{2}{(1-0)(1-0)^3} = 2, \cdots$$

よって，

$$\frac{1}{(1-x)(1-y)} = 1 + 1x + 1y + \frac{1}{2!}2x^2 + 1xy + \frac{1}{2!}2y^2 + \cdots$$

$$= 1 + x + y + x^2 + xy + y^2 + \cdots$$

(2) 公式 2.4, 3.1 より

$$z = e^{x-y}, \quad z_x = e^{x-y}, \quad z_y = -e^{x-y}, \quad z_{xx} = e^{x-y}, \quad z_{xy} = -e^{x-y},$$
$$z_{yy} = e^{x-y}, \cdots$$

$x=0, y=0$ として

$$e^{0-0} = 1, \quad e^{0-0} = 1, \quad -e^{0-0} = -1, \quad e^{0-0} = 1, \quad -e^{0-0} = -1,$$
$$e^{0-0} = 1, \cdots$$

よって，

$$e^{x-y} = 1 + 1x + (-1)y + \frac{1}{2!}1x^2 + (-1)xy + \frac{1}{2!}1y^2 + \cdots$$

$$= 1 + x - y + \frac{x^2}{2!} - xy + \frac{y^2}{2!} + \cdots$$

(3) 公式 2.4, 4.1 より

$$z = \cos(x+y), \quad z_x = -\sin(x+y), \quad z_y = -\sin(x+y),$$
$$z_{xx} = -\cos(x+y), \quad z_{xy} = -\cos(x+y), \quad z_{yy} = -\cos(x+y), \cdots$$

$x = 2\pi, y = \pi$ として

$$\cos(2\pi+\pi) = -1, \quad -\sin(2\pi+\pi) = 0, \quad -\sin(2\pi+\pi) = 0,$$
$$-\cos(2\pi+\pi) = 1, \quad -\cos(2\pi+\pi) = 1, \quad -\cos(2\pi+\pi) = 1, \cdots$$

よって，

$$\cos(x+y) = -1 + 0(x-2\pi) + 0(y-\pi) + \frac{1}{2!}1(x-2\pi)^2$$
$$+ 1(x-2\pi)(y-\pi) + \frac{1}{2!}1(y-\pi)^2 + \cdots$$
$$= -1 + \frac{(x-2\pi)^2}{2!} + (x-2\pi)(y-\pi) + \frac{(y-\pi)^2}{2!} + \cdots$$

問 7.3 公式 7.5, 7.6 を用いて各点でべき級数に展開せよ．

(1) $z = e^{x+y+1} \quad (x=0, y=0)$

(2) $z = \dfrac{1}{x+y} \quad (x=1, y=1)$

表 7.1 三角関数の値.

x	0	$\frac{\pi}{6}$	$\frac{\pi}{4}$	$\frac{\pi}{3}$	$\frac{\pi}{2}$	$\frac{2}{3}\pi$	$\frac{3}{4}\pi$	$\frac{5}{6}\pi$	π	$\frac{7}{6}\pi$	$\frac{5}{4}\pi$	$\frac{4}{3}\pi$	$\frac{3}{2}\pi$	$\frac{5}{3}\pi$	$\frac{7}{4}\pi$	$\frac{11}{6}\pi$	2π
$\sin x$	0	$\frac{1}{2}$	$\frac{1}{\sqrt{2}}$	$\frac{\sqrt{3}}{2}$	1	$\frac{\sqrt{3}}{2}$	$\frac{1}{\sqrt{2}}$	$\frac{1}{2}$	0	$-\frac{1}{2}$	$-\frac{1}{\sqrt{2}}$	$-\frac{\sqrt{3}}{2}$	-1	$-\frac{\sqrt{3}}{2}$	$-\frac{1}{\sqrt{2}}$	$-\frac{1}{2}$	0
$\cos x$	1	$\frac{\sqrt{3}}{2}$	$\frac{1}{\sqrt{2}}$	$\frac{1}{2}$	0	$-\frac{1}{2}$	$-\frac{1}{\sqrt{2}}$	$-\frac{\sqrt{3}}{2}$	-1	$-\frac{\sqrt{3}}{2}$	$-\frac{1}{\sqrt{2}}$	$-\frac{1}{2}$	0	$\frac{1}{2}$	$\frac{1}{\sqrt{2}}$	$\frac{\sqrt{3}}{2}$	1
$\tan x$	0	$\frac{1}{\sqrt{3}}$	1	$\sqrt{3}$	$\pm\infty$	$-\sqrt{3}$	-1	$-\frac{1}{\sqrt{3}}$	0	$\frac{1}{\sqrt{3}}$	1	$\sqrt{3}$	$\pm\infty$	$-\sqrt{3}$	-1	$-\frac{1}{\sqrt{3}}$	0
$\cot x$	$\pm\infty$	$\sqrt{3}$	1	$\frac{1}{\sqrt{3}}$	0	$-\frac{1}{\sqrt{3}}$	-1	$-\sqrt{3}$	$\pm\infty$	$\sqrt{3}$	1	$\frac{1}{\sqrt{3}}$	0	$-\frac{1}{\sqrt{3}}$	-1	$-\sqrt{3}$	$\pm\infty$

表 7.2 逆三角関数の値.

x	-1	$-\frac{\sqrt{3}}{2}$	$-\frac{1}{\sqrt{2}}$	$-\frac{1}{2}$	0	$\frac{1}{2}$	$\frac{1}{\sqrt{2}}$	$\frac{\sqrt{3}}{2}$	1
$\sin^{-1} x$	$-\frac{\pi}{2}$	$-\frac{\pi}{3}$	$-\frac{\pi}{4}$	$-\frac{\pi}{6}$	0	$\frac{\pi}{6}$	$\frac{\pi}{4}$	$\frac{\pi}{3}$	$\frac{\pi}{2}$
$\cos^{-1} x$	π	$\frac{5}{6}\pi$	$\frac{3}{4}\pi$	$\frac{2}{3}\pi$	$\frac{\pi}{2}$	$\frac{\pi}{3}$	$\frac{\pi}{4}$	$\frac{\pi}{6}$	0

x	$-\infty$	$-\sqrt{3}$	-1	$-\frac{1}{\sqrt{3}}$	0	$\frac{1}{\sqrt{3}}$	1	$\sqrt{3}$	∞
$\tan^{-1} x$	$-\frac{\pi}{2}$	$-\frac{\pi}{3}$	$-\frac{\pi}{4}$	$-\frac{\pi}{6}$	0	$\frac{\pi}{6}$	$\frac{\pi}{4}$	$\frac{\pi}{3}$	$\frac{\pi}{2}$

練習問題 7

1. 公式 7.1, 7.2 を用いて極大, 極小を調べよ.
  (1) $z = x^2 + y^3 + xy$
  (2) $z = x^3 - y^2 - xy$
  (3) $z = x^3 + y^3 - 3xy$
  (4) $z = x^4 - y^4 - 2xy$
  (5) $z = x^4 + y^4 - 2xy$
  (6) $z = x + y - \frac{1}{xy}$

2. 公式 7.4 を用いて各点での接平面と法線を求めよ.
  (1) $z = x^3 + xy + 2y^3$ $(x = 1, y = 2)$
  (2) $z = \frac{1}{\sqrt{x-y}}$ $(x = 2, y = 1)$
  (3) $z = \log(x + 2y)$ $(x = 3, y = -1)$
  (4) $z = \tan^{-1}(x + y)$ $\left(x = \frac{1}{2}, y = \frac{1}{2}\right)$
  (5) $x^2 + y^2 + z^2 = 3$ $(x = 1, y = 1, z = 1)$
  (6) $x^3 + y^3 + z^3 = 3xyz + 18$ $(x = 1, y = 2, z = 3)$

(7) $\begin{cases} x = 2s^2 - t \\ y = 2s^2 + t \\ z = 2s \end{cases}$ $(s = 1, t = 1)$

(8) $\begin{cases} x = s \cos t \\ y = s \sin t \\ z = t \end{cases}$ $\left(s = \sqrt{2}, t = \dfrac{\pi}{4}\right)$

3. 公式 7.5, 7.6 を用いて各点でべき級数に展開せよ．

(1) $z = (x+y)^3$ $(x = 0, y = 0)$

(2) $z = \sin(y-x)$ $(x = 0, y = 0)$

(3) $z = \log(x+y+1)$ $(x = 1, y = -1)$

(4) $z = \sqrt{x-y+1}$ $(x = 1, y = 1)$

<u>解答</u>

問 7.1 (1) $(0,0)$ で極大　(2) $(0,0)$ でなし

(3) $(1,-1)$ で極小　(4) $\left(-\dfrac{1}{2}, 0\right)$ でなし

問 7.2 (1) $\pi : z = x - 4y - 2$,　$N : x - 1 = -\dfrac{y+1}{4} = -(z-3)$

(2) $\pi : z = -x + 2y - 2$,　$N : -(x-1) = \dfrac{y-1}{2} = -(z+1)$

(3) $\pi : z = e^8 x + 2e^8 y - 4e^8$,　$N : \dfrac{x-1}{e^8} = \dfrac{y-2}{2e^8} = -(z-e^8)$

(4) $\pi : z = -\sqrt{3}x - \dfrac{\sqrt{3}}{2}y + \dfrac{5\sqrt{3}}{12}\pi + \dfrac{1}{2}$,

$N : -\dfrac{1}{\sqrt{3}}\left(x - \dfrac{\pi}{3}\right) = -\dfrac{2}{\sqrt{3}}\left(y - \dfrac{\pi}{6}\right) = -\left(z - \dfrac{1}{2}\right)$

問 7.3 (1) $e^{x+y+1} = e + ex + ey + \dfrac{e}{2}x^2 + exy + \dfrac{e}{2}y^2 + \cdots$

(2) $\dfrac{1}{x+y} = \dfrac{1}{2} - \dfrac{1}{4}(x-1) - \dfrac{1}{4}(y-1) + \dfrac{1}{8}(x-1)^2 + \dfrac{1}{4}(x-1)(y-1)$
$+ \dfrac{1}{8}(y-1)^2 - \cdots$

練習問題 7

1. (1) $(0,0)$ でなし，$\left(-\dfrac{1}{12}, \dfrac{1}{6}\right)$ で極小

(2) $(0,0)$ でなし，$\left(-\dfrac{1}{6}, \dfrac{1}{12}\right)$ で極大

(3) $(0,0)$ でなし，$(1,1)$ で極小　(4) $(0,0)$ でなし

(5) $(0,0)$ でなし，$\left(\dfrac{1}{\sqrt{2}}, \dfrac{1}{\sqrt{2}}\right), \left(-\dfrac{1}{\sqrt{2}}, -\dfrac{1}{\sqrt{2}}\right)$ で極小

(6) $(-1,-1)$ で極大

2. (1) $\pi : z = 5x + 25y - 36$,　$N : \dfrac{x-1}{5} = \dfrac{y-2}{25} = -(z-19)$

(2) $\pi : z = -\dfrac{1}{2}x + \dfrac{1}{2}y + \dfrac{3}{2}$,　$N : -2(x-2) = 2(y-1) = -(z-1)$

(3) $\pi : z = x+2y-1$, $\quad$ N : $x-3 = \dfrac{y+1}{2} = -z$

(4) $\pi : z = \dfrac{1}{2}x + \dfrac{1}{2}y - \dfrac{1}{2} + \dfrac{\pi}{4}$, $\quad$ N : $2\left(x-\dfrac{1}{2}\right) = 2\left(y-\dfrac{1}{2}\right) = -\left(z-\dfrac{\pi}{4}\right)$

(5) $\pi : z = -x-y+3$, $\quad$ N : $-(x-1) = -(y-1) = -(z-1)$

(6) $\pi : z = \dfrac{5}{7}x - \dfrac{1}{7}y + \dfrac{18}{7}$, $\quad$ N : $\dfrac{7(x-1)}{5} = -7(y-2) = -(z-3)$

(7) $\pi : z = \dfrac{1}{4}x + \dfrac{1}{4}y + 1$, $\quad$ N : $4(x-1) = 4(y-3) = -(z-2)$

(8) $\pi : z = -\dfrac{1}{2}x + \dfrac{1}{2}y + \dfrac{\pi}{4}$, $\quad$ N : $-2(x-1) = 2(y-1) = -\left(z-\dfrac{\pi}{4}\right)$

3. (1) $(x+y)^3 = x^3 + 3x^2y + 3xy^2 + y^3$

(2) $\sin(y-x) = -x + y + \dfrac{1}{6}x^3 - \dfrac{1}{2}x^2y + \dfrac{1}{2}xy^2 - \dfrac{1}{6}y^3 - \cdots$

(3) $\log(x+y+1) = (x-1) + (y+1) - \dfrac{1}{2}(x-1)^2 - (x-1)(y+1)$
$\qquad - \dfrac{1}{2}(y+1)^2 + \cdots$

(4) $\sqrt{x-y+1} = 1 + \dfrac{1}{2}(x-1) - \dfrac{1}{2}(y-1) - \dfrac{1}{8}(x-1)^2 + \dfrac{1}{4}(x-1)(y-1)$
$\qquad - \dfrac{1}{8}(y-1)^2 + \cdots$

§8 2変数関数の重積分

関数を用いていろいろな立体の体積を求めるために，ここでは2変数関数の重積分と逐次積分を導入する．そして n 次関数を重積分する．

8.1 重積分と逐次積分

2変数関数を積分する．

2変数関数 $z = f(x, y)$ はすべての変数で積分するが，これを**重積分**という．それを各変数での積分（**逐次積分**）に直して計算する．変数 x で積分するときは変数 y を定数とみなす．変数 y で積分するときは変数 x を定数とみなす．重積分では2変数関数を平面図形上で考える．

例1 図形上で2変数関数の重積分を求める．
$$D : 0 \leqq x \leqq 1, \quad 1 \leqq y \leqq 2 \quad （正方形）$$
$$\iint_D (x+y)\,dxdy = \int_1^2 \left\{ \int_0^1 (x+y)\,dx \right\} dy$$
$$= \int_1^2 \left[\frac{1}{2}x^2 + xy \right]_0^1 dy = \int_1^2 \left(\frac{1}{2} + y \right) dy$$
$$= \left[\frac{1}{2}y + \frac{1}{2}y^2 \right]_1^2 = \frac{1}{2} + \frac{3}{2} = 2$$

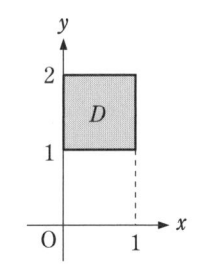

図 8.1 図形（正方形）D で重積分．

● **重積分の意味と記号**

一般の2変数関数を重積分して立体の体積を求める．

図形 D で2変数関数 $z = f(x, y)$ を重積分する．図形 D で曲面 $z = f(x, y)$ と xy 平面に囲まれた立体の体積を V とする．

点 (x, y) で拡大すると底面積が $dxdy$，高さが $f(x, y)$ の角柱の体積は $f(x, y)\,dxdy$ となる．これを図形 D でたし合わせれば重積分になり体積 V が求まる．D を**積分図形**という．

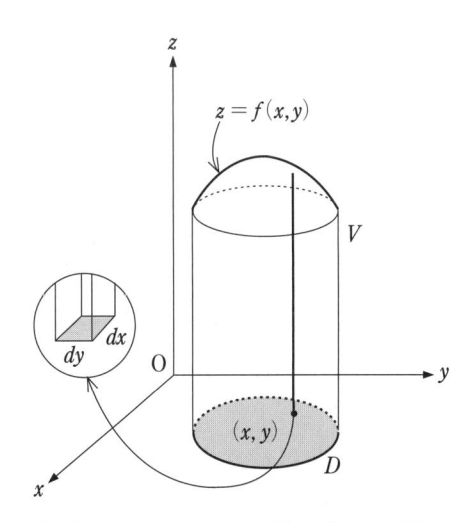

$$V = \underset{\text{角柱の体積}}{\underbrace{\iint_D f(x, y)\,dxdy}} \quad \overset{D \text{でたし合わせる．}}{}$$

図 8.2 D で曲面 $z = f(x, y)$ と xy 平面に囲まれた立体の体積と重積分．

● 逐次積分の意味と記号

平面図形で一般の 2 変数関数の逐次積分を考える．
まず不等式を用いて図形を表す．

例 2 平面図形を不等式で表す．

(1) 長方形
$$D : \begin{cases} a \leq x \leq b \\ c \leq y \leq d \end{cases}$$

図 8.3 長方形と不等式．

(2) 三角形
$$D : \begin{cases} 0 \leq x \leq 1 \\ 0 \leq y \leq 1-x \end{cases} \quad \text{または} \quad D : \begin{cases} 0 \leq x \leq 1-y \\ 0 \leq y \leq 1 \end{cases}$$

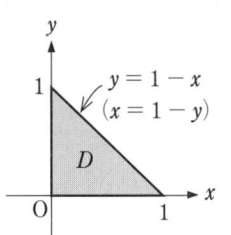

図 8.4 三角形と不等式．

(3) 平行四辺形
$$D : \begin{cases} 0 \leq x \leq 1 \\ x \leq y \leq x+1 \end{cases}$$

または
$$D_1 : \begin{cases} 0 \leq x \leq y \\ 0 \leq y \leq 1 \end{cases} \quad \text{と} \quad D_2 : \begin{cases} y-1 \leq x \leq 1 \\ 1 \leq y \leq 2 \end{cases}$$

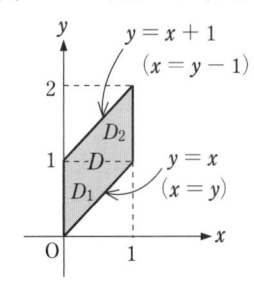

図 8.5 平行四辺形と不等式．

次に図形 D で 2 変数関数の重積分を逐次積分に直すと，次の 2 つの場合がある．

図形 D で曲面 $z = f(x, y)$ と xy 平面に囲まれた立体の体積を V とする．

(1) $D : a \leq x \leq b,\ c(x) \leq y \leq d(x)$ の場合

変数 y で点 $c(x)$ から点 $d(x)$ まで積分すれば，x 軸に垂直な平面による切り口の面積 $S_1(x)$ が求まる．それを変数 x で点 a から点 b まで積分すれば，体積 V が求まる．

$$V = \iint_D f(x, y)\, dxdy$$

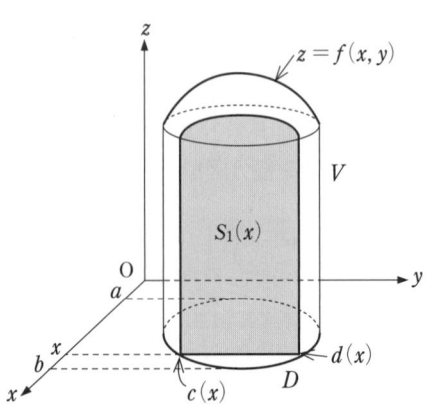

図 8.6 立体の切り口の面積と逐次積分．

$$= \int_a^b \underbrace{\left\{ \int_{c(x)}^{d(x)} f(x,y)\, dy \right\}}_{\text{立体の切り口の面積 } S_1(x)} dx$$

(2) $D: a(y) \leqq x \leqq b(y),\ c \leqq y \leqq d$ の場合

変数 x で点 $a(y)$ から点 $b(y)$ まで積分すれば，y 軸に垂直な平面による切り口の面積 $S_2(x)$ が求まる．それを変数 y で点 c から点 d まで積分すれば，体積 V が求まる．

$$V = \iint_D f(x,y)\, dxdy$$
$$= \int_c^d \underbrace{\left\{ \int_{a(y)}^{b(y)} f(x,y)\, dx \right\}}_{\text{立体の切り口の面積 } S_2(x)} dy$$

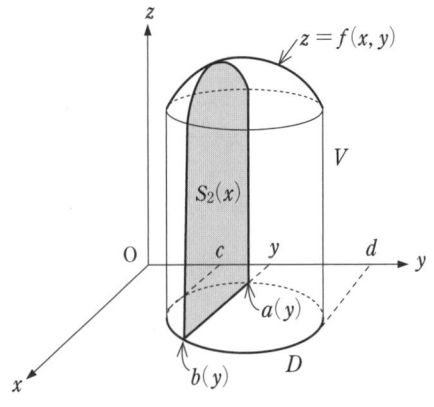

図 8.7 立体の切り口の面積と逐次積分．

以上をまとめておく．

公式 8.1　2変数関数の重積分と逐次積分

図形 $D: a \leqq x \leqq b,\ c(x) \leqq y \leqq d(x)$ または図形 $D: a(y) \leqq x \leqq b(y),\ c \leqq y \leqq d$ に対して

$$\iint_D f(x,y)\, dxdy = \int_a^b \left\{ \int_{c(x)}^{d(x)} f(x,y)\, dy \right\} dx$$
$$= \int_c^d \left\{ \int_{a(y)}^{b(y)} f(x,y)\, dx \right\} dy$$

[解説] 図形 D での重積分は逐次積分に直して計算する．

[注意] 3 変数以上でも同様に考える．

8.2　n 次関数の重積分

n 次関数を重積分する．

定数と 1 変数の n 次関数や 1 次式の分数関数を積分すると，次が成り立つ．

公式 8.2　定数 k と n 次関数の積分

(1) $\displaystyle \int k\, dx = kx + C$

(2) $\displaystyle \int x^n\, dx = \frac{1}{n+1} x^{n+1} + C \quad (n \neq -1)$

(3) $\displaystyle \int (x+b)^n\, dx = \frac{1}{n+1}(x+b)^{n+1} + C \quad (n \neq -1,\ b \text{ は定数})$

公式 8.3 分数関数の積分

(1) $\displaystyle\int \frac{1}{x}\,dx = \int x^{-1}\,dx = \log|x| + C$

(2) $\displaystyle\int \frac{1}{x+b}\,dx = \int (x+b)^{-1}\,dx = \log|x+b| + C$ （b は定数）

ここで指数の計算についてまとめておく．

公式 8.4 0と負と分数の指数

(1) $a \neq 0$ のとき $\quad a^0 = 1, \quad \dfrac{1}{a^n} = a^{-n}$

(2) $a > 0$ のとき $\quad \sqrt[n]{a} = a^{\frac{1}{n}}, \quad \sqrt[n]{a^m} = \sqrt[n]{a}^{\,m} = a^{\frac{m}{n}}$

公式 8.5 指数法則

(1) $a^p a^q = a^{p+q}$ (2) $\dfrac{a^p}{a^q} = a^{p-q}$ (3) $(a^p)^q = a^{pq}$

(4) $(ab)^p = a^p b^p$ (5) $\left(\dfrac{a}{b}\right)^p = \dfrac{a^p}{b^p} = a^p b^{-p}$

例題 8.1 $x^m y^n$ や $(x+a)^m(y+b)^n$ に変形してから，公式 8.2, 8.3 を用いて重積分を求めよ．

(1) $\displaystyle\int_{-1}^{1} \left\{\int_0^2 x^3 y^2\,dx\right\} dy$ (2) $\displaystyle\int_1^4 \left\{\int_1^2 \frac{1}{y^2\sqrt{x}}\,dy\right\} dx$

(3) $\displaystyle\int_0^{e-1} \left\{\int_2^5 \frac{\sqrt{y-1}}{x+1}\,dy\right\} dx$

解 公式 8.4, 8.5 を用いて指数 m, n を計算してから重積分する．

(1) $\displaystyle\int_{-1}^{1} \left\{\int_0^2 x^3 y^2\,dx\right\} dy = \int_{-1}^{1} \left[\frac{1}{4}x^4\right]_0^2 y^2\,dy = \frac{16}{4}\int_{-1}^{1} y^2\,dy$

$\displaystyle\qquad\qquad = 4\left[\frac{1}{3}y^3\right]_{-1}^{1} = \frac{8}{3}$

(2) $\displaystyle\int_1^4 \left\{\int_1^2 \frac{1}{y^2\sqrt{x}}\,dy\right\} dx = \int_1^4 \left\{\int_1^2 y^{-2} x^{-\frac{1}{2}}\,dy\right\} dx = \int_1^4 \left[-y^{-1}\right]_1^2 x^{-\frac{1}{2}}\,dx$

$\displaystyle\qquad\qquad = \frac{1}{2}\int_1^4 x^{-\frac{1}{2}}\,dx = \frac{1}{2}\left[2x^{\frac{1}{2}}\right]_1^4 = 1$

(3) $\displaystyle\int_0^{e-1} \left\{\int_2^5 \frac{\sqrt{y-1}}{x+1}\,dy\right\} dx = \int_0^{e-1} \left\{\int_2^5 \frac{(y-1)^{\frac{1}{2}}}{x+1}\,dy\right\} dx$

$\displaystyle\qquad\qquad = \int_0^{e-1} \left[\frac{2}{3}(y-1)^{\frac{3}{2}}\right]_2^5 \frac{1}{x+1}\,dx$

$\displaystyle\qquad\qquad = \frac{14}{3}\int_0^{e-1} \frac{1}{x+1}\,dx = \frac{14}{3}\Big[\log|x+1|\Big]_0^{e-1}$

$$= \frac{14}{3}(\log e - \log 1) = \frac{14}{3}$$

問 8.1 $x^m y^n$ や $(x+a)^m(y+b)^n$ に変形してから，公式 8.2, 8.3 を用いて重積分を求めよ．

(1) $\int_0^1 \left\{ \int_1^2 \frac{y^3}{x^3} dx \right\} dy$ (2) $\int_{-1}^2 \left\{ \int_1^9 \frac{x^2}{\sqrt{y}} dy \right\} dx$

(3) $\int_{-2}^{-1} \left\{ \int_1^e \frac{1}{xy^4} dx \right\} dy$ (4) $\int_2^5 \left\{ \int_{-1}^3 \frac{\sqrt{y+1}}{\sqrt{x-1}} dy \right\} dx$

[注意] 逐次積分 $\int_a^b \left[f(x,y) \right]_c^d dx$ は混乱を避けるために $\int_a^b \left[f(x,y) \right]_{y=c}^{y=d} dx$ と書くべきだが，ここでは簡単のために変数 y を略す．

8.3 関数の定数倍と和や差の重積分

関数に定数を掛けたり，関数をたしたり，引いたりして積分すると，次が成り立つ．

公式 8.6 関数の定数倍と和の積分

(1) $\int k f(x) \, dx = k \int f(x) \, dx$ （k は定数）

(2) $\int \{ f(x) + g(x) \} \, dx = \int f(x) \, dx + \int g(x) \, dx$

例題 8.2 公式 8.6 を用いて重積分を求めよ．

(1) $\int_1^3 \left\{ \int_0^1 (x^3 - x^2 y + y^3) \, dx \right\} dy$

(2) $\int_1^2 \left\{ \int_0^2 \left((xy)^2 - \sqrt{2xy} \right) dy \right\} dx$

解 公式 8.4, 8.5 を用いて各項を $x^m y^n$ に変形してから，公式 8.2, 8.3 により重積分する．

(1) $\int_1^3 \left\{ \int_0^1 (x^3 - x^2 y + y^3) \, dx \right\} dy = \int_1^3 \left[\frac{1}{4} x^4 - \frac{1}{3} x^3 y + xy^3 \right]_0^1 dy$

$$= \int_1^3 \left(\frac{1}{4} - \frac{1}{3} y + y^3 \right) dy$$

$$= \left[\frac{1}{4} y - \frac{1}{6} y^2 + \frac{1}{4} y^4 \right]_1^3$$

$$= \frac{2}{4} - \frac{8}{6} + \frac{80}{4} = \frac{115}{6}$$

(2) $\int_1^2 \left\{ \int_0^2 \left((xy)^2 - \sqrt{2xy} \right) dy \right\} dx = \int_1^2 \left\{ \int_0^2 \left(x^2 y^2 - \sqrt{2} x^{\frac{1}{2}} y^{\frac{1}{2}} \right) dy \right\} dx$

$$= \int_1^2 \left[\frac{1}{3} x^2 y^3 - \frac{2\sqrt{2}}{3} x^{\frac{1}{2}} y^{\frac{3}{2}} \right]_0^2 dx$$

$$= \int_1^2 \left(\frac{8}{3}x^2 - \frac{8}{3}x^{\frac{1}{2}}\right)dx$$
$$= \frac{8}{3}\left[\frac{1}{3}x^3 - \frac{2}{3}x^{\frac{3}{2}}\right]_1^2$$
$$= \frac{8}{3}\left\{\frac{7}{3} - \frac{2}{3}(2\sqrt{2}-1)\right\} = 8 - \frac{32}{9}\sqrt{2}$$

問 8.2 公式 8.6 を用いて重積分を求めよ．

(1) $\displaystyle\int_0^1\left\{\int_0^2(x^2+xy-2y^2)\,dx\right\}dy$ (2) $\displaystyle\int_{-1}^1\left\{\int_1^2 xy^2(x-y)\,dy\right\}dx$

(3) $\displaystyle\int_1^3\left\{\int_1^2\left(3xy^2+\frac{2}{x^2y}\right)dx\right\}dy$

(4) $\displaystyle\int_1^4\left\{\int_1^4\left(\sqrt{xy}-\frac{1}{\sqrt{xy}}\right)dy\right\}dx$

ここで対数についてまとめておく．

公式 8.7 対数の性質

(1) $\log 1 = 0$ (2) $\log e = 1$

(3) $\log a + \log b = \log ab$ (4) $\log a - \log b = \log \dfrac{a}{b}$

(5) $b\log a = \log a^b$ (6) $\log e^a = a$

練習問題 8

1. 公式 8.2, 8.3, 8.6 を用いて重積分を求めよ．

(1) $\displaystyle\int_0^1\left\{\int_0^1(xy)^2\sqrt{x}\sqrt[3]{y}\,dx\right\}dy$ (2) $\displaystyle\int_1^2\left\{\int_1^{\sqrt{2}}\frac{x^2y}{x^8y^4}\,dy\right\}dx$

(3) $\displaystyle\int_1^2\left\{\int_1^3\frac{1}{x^2y\sqrt{xy}}\,dx\right\}dy$ (4) $\displaystyle\int_0^4\left\{\int_1^4\frac{x\sqrt{xy}}{y}\,dy\right\}dx$

(5) $\displaystyle\int_0^2\left\{\int_2^4\frac{x-2}{y+2}\,dx\right\}dy$ (6) $\displaystyle\int_0^3\left\{\int_2^3\frac{1}{(x+1)(y-1)}\,dy\right\}dx$

(7) $\displaystyle\int_0^2\left\{\int_{-2}^1\left(\frac{y-1}{x+3}\right)^2 dx\right\}dy$ (8) $\displaystyle\int_{-1}^2\left\{\int_3^4\sqrt{\frac{x+2}{y-3}}\,dy\right\}dx$

(9) $\displaystyle\int_1^2\left\{\int_0^2\frac{x^2(2x)^3}{y(4y)^2}\,dx\right\}dy$ (10) $\displaystyle\int_1^4\left\{\int_1^9\frac{y^2\sqrt{2x}}{x\sqrt{8y^3}}\,dy\right\}dx$

(11) $\displaystyle\int_1^2\left\{\int_1^3\left(\frac{1}{xy}-\frac{1}{x^2y^3}\right)dx\right\}dy$ (12) $\displaystyle\int_1^3\left\{\int_2^4\frac{3xy-4x^2}{x^3y^2}\,dy\right\}dx$

(13) $\displaystyle\int_2^3\left\{\int_1^2(x-2y)(x+y)\,dx\right\}dy$

(14) $\int_1^3 \left\{ \int_1^2 \left(x - \frac{1}{y} \right) \left(\frac{1}{x^2} + y^3 \right) dy \right\} dx$

(15) $\int_1^3 \left\{ \int_1^9 \left(y + \frac{1}{xy} \right) \left(\sqrt{\frac{x}{y}} + \frac{1}{x} \right) dx \right\} dy$

(16) $\int_0^2 \left\{ \int_1^4 \frac{x^2 y + \sqrt{x^5 y^3}}{\sqrt{xy}} dy \right\} dx$

解答

問 8.1 (1) $\dfrac{3}{32}$　　(2) 12　　(3) $\dfrac{7}{24}$　　(4) $\dfrac{32}{3}$

問 8.2 (1) $\dfrac{7}{3}$　　(2) $\dfrac{14}{9}$　　(3) $39 + \log 3$　　(4) $\dfrac{160}{9}$

練習問題 8

1. (1) $\dfrac{3}{35}$　　(2) $\dfrac{31}{640}$　　(3) $\dfrac{4}{3}\left(1 - \dfrac{1}{3\sqrt{3}}\right)\left(1 - \dfrac{1}{\sqrt{2}}\right)$　　(4) $\dfrac{128}{5}$

(5) $2 \log 2$　　(6) $(\log 2)(\log 4)$　　(7) $\dfrac{1}{2}$　　(8) $\dfrac{28}{3}$

(9) 2　　(10) $\dfrac{52}{3}$　　(11) $(\log 3)(\log 2) - \dfrac{1}{4}$

(12) $\log \dfrac{4}{3}$　　(13) $-\dfrac{169}{12}$　　(14) $\log 3 - \dfrac{2}{3}\log 2 + \dfrac{31}{3}$

(15) $32\sqrt{3} - \dfrac{32}{9} + \dfrac{80}{9}\log 3$　　(16) $\dfrac{112}{15}\sqrt{2} + 20$

§9 いろいろな関数の重積分

いろいろな関数の重積分について調べる．ここでは指数関数や三角関数そして 2 次式の分数関数や無理関数などを重積分する．

9.1 指数関数と三角関数の重積分

指数関数や三角関数を積分すると次が成り立つ．

公式 9.1 指数関数の積分

(1) $\int e^{ax} dx = \dfrac{1}{a} e^{ax} + C \quad (a \neq 0)$

(2) $\int a^x dx = \dfrac{1}{\log a} a^x + C \quad (a > 0,\ a \neq 1)$

公式 9.2 三角関数の積分，$a \neq 0$

(1) $\int \sin ax\, dx = -\dfrac{1}{a} \cos ax + C$

(2) $\int \cos ax\, dx = \dfrac{1}{a} \sin ax + C$

(3) $\int \tan ax\, dx = \int \dfrac{\sin ax}{\cos ax} dx = -\dfrac{1}{a} \log|\cos ax| + C$

(4) $\int \cot ax\, dx = \int \dfrac{1}{\tan ax} dx = \int \dfrac{\cos ax}{\sin ax} dx = \dfrac{1}{a} \log|\sin ax| + C$

(5) $\int \sec^2 ax\, dx = \int \dfrac{1}{\cos^2 ax} dx = \dfrac{1}{a} \tan ax + C$

(6) $\int \operatorname{cosec}^2 ax\, dx = \int \dfrac{1}{\sin^2 ax} dx = -\dfrac{1}{a} \cot ax + C$

例題 9.1 公式 9.1，9.2 を用いて重積分を求めよ．

(1) $\displaystyle\int_0^1 \left\{ \int_0^2 y e^x\, dx \right\} dy$ 　　(2) $\displaystyle\int_0^{\frac{\pi}{2}} \left\{ \int_1^2 y^2 \sin 2x\, dy \right\} dx$

(3) $\displaystyle\int_0^1 \left\{ \int_0^{\frac{\pi}{2}} (e^{-y} + \cos x)\, dx \right\} dy$

解 指数関数は e^{ax} や a^x の式にしてから，重積分する．三角関数は分類して変数 ax を計算してから，重積分する．

(1) $\displaystyle\int_0^1 \left\{ \int_0^2 y e^x\, dx \right\} dy = \int_0^1 y \left[e^x \right]_0^2 dy = \int_0^1 y\, dy (e^2 - 1) = \left[\dfrac{1}{2} y^2 \right]_0^1 (e^2 - 1)$

$\qquad\qquad = \dfrac{e^2 - 1}{2}$

(2) $\displaystyle\int_0^{\frac{\pi}{2}}\left\{\int_1^2 y^2 \sin 2x \, dy\right\} dx = \int_0^{\frac{\pi}{2}}\left[\frac{1}{3}y^3\right]_1^2 \sin 2x \, dx = \frac{7}{3}\int_0^{\frac{\pi}{2}} \sin 2x \, dx$

$\displaystyle\qquad\qquad = \frac{7}{3}\left[-\frac{1}{2}\cos 2x\right]_0^{\frac{\pi}{2}} = -\frac{7}{6}(-1-1) = \frac{7}{3}$

(3) $\displaystyle\int_0^1\left\{\int_0^{\frac{\pi}{2}}(e^{-y}+\cos x)\,dx\right\} dy = \int_0^1\left[xe^{-y}+\sin x\right]_0^{\frac{\pi}{2}} dy = \int_0^1\left(\frac{\pi}{2}e^{-y}+1\right) dy$

$\displaystyle\qquad\qquad = \left[\frac{\pi}{-2}e^{-y}+y\right]_0^1 = -\frac{\pi}{2}(e^{-1}-1)+1$

$\displaystyle\qquad\qquad = \frac{\pi}{2}\left(1-\frac{1}{e}\right)+1$

問 9.1 公式 9.1, 9.2 を用いて重積分を求めよ.

(1) $\displaystyle\int_0^1\left\{\int_1^2 x^2 e^{3y}\,dx\right\} dy$ （2） $\displaystyle\int_{-1}^1\left\{\int_0^{\frac{\pi}{2}} e^{-x}\sin 2y\,dy\right\} dx$

(3) $\displaystyle\int_{\frac{\pi}{6}}^{\frac{\pi}{3}}\left\{\int_1^4 \sqrt{x}\cos 3y\,dx\right\} dy$ （4） $\displaystyle\int_1^3\left\{\int_0^1 (x+e^{2y})\,dy\right\} dx$

9.2 分数関数と無理関数の重積分

2次式の分数関数や無理関数を積分すると次が成り立つ.

公式 9.3 分数関数の積分, $a>0$

(1) $\displaystyle\int\frac{1}{x^2+a^2}\,dx = \frac{1}{a}\tan^{-1}\frac{x}{a}+C$

(2) $\displaystyle\int\frac{1}{x^2-a^2}\,dx = \frac{1}{2a}\log\left|\frac{x-a}{x+a}\right|+C$

公式 9.4 無理関数の積分

(1) $\displaystyle\int\frac{1}{\sqrt{a^2-x^2}}\,dx = \sin^{-1}\frac{x}{a}+C \quad (a>0)$

(2) $\displaystyle\int\frac{1}{\sqrt{x^2+A}}\,dx = \log|x+\sqrt{x^2+A}|+C \quad (A\neq 0)$

(3) $\displaystyle\int\sqrt{a^2-x^2}\,dx = \frac{1}{2}\left(x\sqrt{a^2-x^2}+a^2\sin^{-1}\frac{x}{a}\right)+C \quad (a>0)$

(4) $\displaystyle\int\sqrt{x^2+A}\,dx = \frac{1}{2}\left(x\sqrt{x^2+A}+A\log|x+\sqrt{x^2+A}|\right)+C$

$\qquad\qquad\qquad\qquad\qquad\qquad\qquad\qquad (A\neq 0)$

例題 9.2 公式 9.3, 9.4 を用いて重積分を求めよ．

(1) $\displaystyle\int_1^{\sqrt{3}}\left\{\int_1^2 \frac{y^3}{x^2+1}\,dy\right\}dx$ (2) $\displaystyle\int_0^1\left\{\int_{-1}^1 \frac{x^2+1}{\sqrt{y^2+1}}\,dx\right\}dy$

解 分数関数は $\pm a^2$ の符号と a の値を計算してから，重積分する．無理関数は $\pm x^2$ の符号と a や A の値を計算してから，重積分する．

(1) $\displaystyle\int_1^{\sqrt{3}}\left\{\int_1^2 \frac{y^3}{x^2+1}\,dy\right\}dx = \int_1^{\sqrt{3}}\left[\frac{1}{4}y^4\right]_1^2 \frac{1}{x^2+1}\,dx = \frac{15}{4}\int_1^{\sqrt{3}}\frac{1}{x^2+1}\,dx$

$\displaystyle\qquad\qquad = \frac{15}{4}\left[\tan^{-1}x\right]_1^{\sqrt{3}} = \frac{15}{4}(\tan^{-1}\sqrt{3}-\tan^{-1}1)$

$\displaystyle\qquad\qquad = \frac{15}{4}\left(\frac{\pi}{3}-\frac{\pi}{4}\right) = \frac{5}{16}\pi$

(2) $\displaystyle\int_0^1\left\{\int_{-1}^1 \frac{x^2+1}{\sqrt{y^2+1}}\,dx\right\}dy = \int_0^1\left[\frac{1}{3}x^3+x\right]_{-1}^1 \frac{1}{\sqrt{y^2+1}}\,dy$

$\displaystyle\qquad\qquad = \left(\frac{2}{3}+2\right)\int_0^1 \frac{1}{\sqrt{y^2+1}}\,dy$

$\displaystyle\qquad\qquad = \frac{8}{3}\left[\log|y+\sqrt{y^2+1}|\right]_0^1 = \frac{8}{3}\log(1+\sqrt{2})$ ∎

問 9.2 公式 9.3, 9.4 を用いて重積分を求めよ．

(1) $\displaystyle\int_0^1\left\{\int_0^2 \frac{e^y}{x^2+4}\,dx\right\}dy$ (2) $\displaystyle\int_{-1}^1\left\{\int_0^\pi \frac{\sin y}{x^2-4}\,dy\right\}dx$

(3) $\displaystyle\int_1^2\left\{\int_{-\pi/4}^{\pi/4} \frac{\cos 2x}{\sqrt{4-y^2}}\,dx\right\}dy$ (4) $\displaystyle\int_{-\log 3}^0\left\{\int_2^{2\sqrt{2}} \frac{e^{-2x}}{\sqrt{y^2-4}}\,dy\right\}dx$

ここで指数，対数と三角関数，逆三角関数についてまとめておく．

公式 9.5 指数，対数と三角関数，逆三角関数の性質

(1) $e^0 = 1$ (2) $e^{b\log a} = a^b$

(3) $\sin(-\theta) = -\sin\theta$ (4) $\cos(-\theta) = \cos\theta$

(5) $\tan(-\theta) = -\tan\theta$ (6) $\cot(-\theta) = -\cot\theta$

(7) $\sin^{-1}(-x) = -\sin^{-1}x$ (8) $\tan^{-1}(-x) = -\tan^{-1}x$

表 9.1 三角関数の値.

x	0	$\frac{\pi}{6}$	$\frac{\pi}{4}$	$\frac{\pi}{3}$	$\frac{\pi}{2}$	$\frac{2}{3}\pi$	$\frac{3}{4}\pi$	$\frac{5}{6}\pi$	π	$\frac{7}{6}\pi$	$\frac{5}{4}\pi$	$\frac{4}{3}\pi$	$\frac{3}{2}\pi$	$\frac{5}{3}\pi$	$\frac{7}{4}\pi$	$\frac{11}{6}\pi$	2π
$\sin x$	0	$\frac{1}{2}$	$\frac{1}{\sqrt{2}}$	$\frac{\sqrt{3}}{2}$	1	$\frac{\sqrt{3}}{2}$	$\frac{1}{\sqrt{2}}$	$\frac{1}{2}$	0	$-\frac{1}{2}$	$-\frac{1}{\sqrt{2}}$	$-\frac{\sqrt{3}}{2}$	-1	$-\frac{\sqrt{3}}{2}$	$-\frac{1}{\sqrt{2}}$	$-\frac{1}{2}$	0
$\cos x$	1	$\frac{\sqrt{3}}{2}$	$\frac{1}{\sqrt{2}}$	$\frac{1}{2}$	0	$-\frac{1}{2}$	$-\frac{1}{\sqrt{2}}$	$-\frac{\sqrt{3}}{2}$	-1	$-\frac{\sqrt{3}}{2}$	$-\frac{1}{\sqrt{2}}$	$-\frac{1}{2}$	0	$\frac{1}{2}$	$\frac{1}{\sqrt{2}}$	$\frac{\sqrt{3}}{2}$	1
$\tan x$	0	$\frac{1}{\sqrt{3}}$	1	$\sqrt{3}$	$\pm\infty$	$-\sqrt{3}$	-1	$-\frac{1}{\sqrt{3}}$	0	$\frac{1}{\sqrt{3}}$	1	$\sqrt{3}$	$\pm\infty$	$-\sqrt{3}$	-1	$-\frac{1}{\sqrt{3}}$	0
$\cot x$	$\pm\infty$	$\sqrt{3}$	1	$\frac{1}{\sqrt{3}}$	0	$-\frac{1}{\sqrt{3}}$	-1	$\sqrt{3}$	$\pm\infty$	$\sqrt{3}$	1	$\frac{1}{\sqrt{3}}$	0	$-\frac{1}{\sqrt{3}}$	-1	$-\sqrt{3}$	$\pm\infty$

表 9.2 逆三角関数の値.

x	-1	$-\frac{\sqrt{3}}{2}$	$-\frac{1}{\sqrt{2}}$	$-\frac{1}{2}$	0	$\frac{1}{2}$	$\frac{1}{\sqrt{2}}$	$\frac{\sqrt{3}}{2}$	1
$\sin^{-1} x$	$-\frac{\pi}{2}$	$-\frac{\pi}{3}$	$-\frac{\pi}{4}$	$-\frac{\pi}{6}$	0	$\frac{\pi}{6}$	$\frac{\pi}{4}$	$\frac{\pi}{3}$	$\frac{\pi}{2}$

x	$-\infty$	$-\sqrt{3}$	-1	$-\frac{1}{\sqrt{3}}$	0	$\frac{1}{\sqrt{3}}$	1	$\sqrt{3}$	∞
$\tan^{-1} x$	$-\frac{\pi}{2}$	$-\frac{\pi}{3}$	$-\frac{\pi}{4}$	$-\frac{\pi}{6}$	0	$\frac{\pi}{6}$	$\frac{\pi}{4}$	$\frac{\pi}{3}$	$\frac{\pi}{2}$

練習問題 9

1. 公式 9.1～9.4 を用いて重積分を求めよ．

(1) $\displaystyle\int_{-\log 2}^{\log 2}\left\{\int_0^{\log 3} e^{2x}e^{-y}\,dx\right\}dy$

(2) $\displaystyle\int_0^2\left\{\int_1^3 \frac{e^x}{y+1}\,dy\right\}dx$

(3) $\displaystyle\int_{-1}^1\left\{\int_0^3 \sqrt{\frac{e^{4y}}{x+1}}\,dx\right\}dy$

(4) $\displaystyle\int_{-\frac{\pi}{4}}^{\frac{\pi}{2}}\left\{\int_0^{\frac{\pi}{2}} \sin y\cos 2x\,dy\right\}dx$

(5) $\displaystyle\int_0^2\left\{\int_{\frac{\pi}{6}}^{\frac{\pi}{2}}\left(\frac{y-1}{\sin x}\right)^2 dx\right\}dy$

(6) $\displaystyle\int_2^3\left\{\int_{-\frac{1}{2}}^{\frac{1}{2}} \frac{\cos \pi y}{x-1}\,dy\right\}dx$

(7) $\displaystyle\int_0^2\left\{\int_0^3 (e^{2x}+e^{-y})\,dx\right\}dy$

(8) $\displaystyle\int_0^{\log 3}\left\{\int_0^{\log 2} (e^x+e^y)^2\,dy\right\}dx$

(9) $\displaystyle\int_0^\pi\left\{\int_1^2 (x^2+\sin y)\,dx\right\}dy$

(10) $\displaystyle\int_{-\frac{\pi}{4}}^{\frac{\pi}{4}}\left\{\int_0^{\frac{\pi}{3}} (\cos 2x-\sin y)\,dy\right\}dx$

(11) $\displaystyle\int_{\frac{\pi}{12}}^{\frac{\pi}{6}}\left\{\int_{\frac{1}{2}}^{\frac{3}{2}} \frac{2\cos 3y}{4x^2+3}\,dx\right\}dy$

(12) $\displaystyle\int_{-\frac{1}{3}}^{\frac{1}{3}}\left\{\int_0^1 \frac{3e^{2y}}{9x^2-4}\,dy\right\}dx$

(13) $\displaystyle\int_{-\log 4}^0\left\{\int_1^2 \frac{3e^{-3y}}{\sqrt{12-3x^2}}\,dx\right\}dy$

(14) $\displaystyle\int_0^2\left\{\int_0^1 \frac{\sin \pi y}{\sqrt{4x^2+9}}\,dy\right\}dx$

(15) $\displaystyle\int_0^{\frac{1}{2}}\left\{\int_0^3 x^2\sqrt{1-y^2}\,dx\right\}dy$ (16) $\displaystyle\int_0^1\left\{\int_1^e \frac{\sqrt{x^2+1}}{y}\,dy\right\}dx$

解答

問 9.1 (1) $\dfrac{7}{9}(e^3-1)$ (2) $e-\dfrac{1}{e}$ (3) $-\dfrac{14}{9}$ (4) e^2+3

問 9.2 (1) $\dfrac{\pi}{8}(e-1)$ (2) $\log\dfrac{1}{3}$ (3) $\dfrac{\pi}{3}$ (4) $4\log(1+\sqrt{2})$

練習問題 9

1. (1) 6   (2) $(e^2-1)\log 2$ (3) $e^2-\dfrac{1}{e^2}$ (4) $\dfrac{1}{2}$ (5) $\dfrac{2}{\sqrt{3}}$

(6) $\dfrac{2}{\pi}\log 2$ (7) $e^6-\dfrac{3}{e^2}+2$ (8) $4\log 2+4+\dfrac{3}{2}\log 3$

(9) $\dfrac{7}{3}\pi+2$ (10) $\dfrac{\pi}{12}$ (11) $\dfrac{\pi}{18\sqrt{3}}\left(1-\dfrac{1}{\sqrt{2}}\right)$

(12) $\dfrac{1-e^2}{4}\log 3$ (13) $7\sqrt{3}\pi$ (14) $\dfrac{\log 3}{\pi}$

(15) $\dfrac{9\sqrt{3}}{8}+\dfrac{3}{4}\pi$ (16) $\dfrac{1}{2}\{\sqrt{2}+\log(1+\sqrt{2})\}$

§10 1次式の関数の重積分，その他の重積分

これまでいろいろな関数を重積分したが，それらの公式を用いても簡単に重積分できない関数がある．ここではそうした関数の重積分を考える．

10.1 1次式の関数の重積分

1次式の n 次関数やその他の関数を重積分する．

● **1次式の n 次関数の重積分**

1次式の n 次関数を積分すると次が成り立つ．

> **公式 10.1** 1次式の n 次関数の積分，$a \neq 0$，b は定数
>
> (1) $\displaystyle\int (ax+b)^n\, dx = \frac{1}{a(n+1)}(ax+b)^{n+1} + C \quad (n \neq -1)$
>
> (2) $\displaystyle\int \frac{1}{ax+b}\, dx = \int (ax+b)^{-1}\, dx = \frac{1}{a}\log|ax+b| + C$

> **例題 10.1** 公式 10.1 を用いて重積分を求めよ．
>
> (1) $\displaystyle\int_{-1}^{0}\left\{\int_{0}^{1}(4x+3y)^3\, dx\right\} dy$ (2) $\displaystyle\int_{0}^{2}\left\{\int_{1}^{2}\frac{1}{\sqrt{2y-x+1}}\, dy\right\} dx$

解 1次式の n 次関数 $(ax+by+c)^n$ を，外側の n 次関数 $(\ )^n$ から積分して数値 $\frac{1}{a}$ や $\frac{1}{b}$ を掛ける．

(1) $\displaystyle\int_{-1}^{0}\left\{\int_{0}^{1}(4x+3y)^3\, dx\right\} dy = \int_{-1}^{0}\left[\frac{1}{4\times 4}(4x+3y)^4\right]_{0}^{1} dy$

$\displaystyle\qquad\qquad = \frac{1}{16}\int_{-1}^{0}\{(4+3y)^4 - (3y)^4\}\, dy$

$\displaystyle\qquad\qquad = \frac{1}{16}\left[\frac{1}{3\times 5}(4+3y)^5 - \frac{1}{3\times 5}(3y)^5\right]_{-1}^{0}$

$\displaystyle\qquad\qquad = \frac{1}{240}(1024-1-243) = \frac{13}{4}$

(2) $\displaystyle\int_{0}^{2}\left\{\int_{1}^{2}\frac{1}{\sqrt{2y-x+1}}\, dy\right\} dx = \int_{0}^{2}\left\{\int_{1}^{2}(2y-x+1)^{-\frac{1}{2}}\, dy\right\} dx$

$\displaystyle\qquad\qquad = \int_{0}^{2}\left[\frac{2}{2}(2y-x+1)^{\frac{1}{2}}\right]_{1}^{2} dx$

$\displaystyle\qquad\qquad = \int_{0}^{2}\left\{(5-x)^{\frac{1}{2}} - (3-x)^{\frac{1}{2}}\right\} dx$

$\displaystyle\qquad\qquad = \left[\frac{2}{(-1)\times 3}(5-x)^{\frac{3}{2}} - \frac{2}{(-1)\times 3}(3-x)^{\frac{3}{2}}\right]_{0}^{2}$

$$= -\frac{2}{3}(\sqrt{3}^3 - \sqrt{5}^3 - 1 + \sqrt{3}^3)$$
$$= \frac{2}{3}(5\sqrt{5} - 6\sqrt{3} + 1) \qquad \blacksquare$$

問 10.1 公式 10.1 を用いて重積分を求めよ．

(1) $\displaystyle\int_2^3 \left\{\int_1^2 (x-y)^4 \, dx\right\} dy$ (2) $\displaystyle\int_{-1}^0 \left\{\int_0^1 (3x+2y)^3 \, dy\right\} dx$

(3) $\displaystyle\int_0^1 \left\{\int_1^2 \frac{1}{(x+y)^3} \, dx\right\} dy$ (4) $\displaystyle\int_1^2 \left\{\int_0^2 \sqrt{2x-y} \, dy\right\} dx$

● 一般の 1 次式の関数の重積分

1 次式の関数を積分すると次が成り立つ．

公式 10.2 1 次式の関数の積分，$a \neq 0$, b は定数
$$\int f(x) \, dx = F(x) + C \quad \text{ならば} \quad \int f(ax+b) \, dx = \frac{1}{a} F(ax+b) + C$$

例題 10.2 公式 10.2 を用いて重積分を求めよ．

(1) $\displaystyle\int_0^{\log 2} \left\{\int_0^{\log 3} e^{2x+4y} \, dx\right\} dy$ (2) $\displaystyle\int_0^{\frac{\pi}{2}} \left\{\int_0^{\frac{\pi}{4}} \sin(3x-y) \, dy\right\} dx$

解 1 次式の関数 $f(ax+by+c)$ を，外側の関数 $f(\ )$ から積分して数値 $\dfrac{1}{a}$ や $\dfrac{1}{b}$ を掛ける．

(1) $\displaystyle\int_0^{\log 2} \left\{\int_0^{\log 3} e^{2x+4y} \, dx\right\} dy = \int_0^{\log 2} \left[\frac{1}{2} e^{2x+4y}\right]_0^{\log 3} dy$

$$= \frac{1}{2} \int_0^{\log 2} \left[e^{2x}\right]_0^{\log 3} e^{4y} \, dy$$

$$= \frac{1}{2} \int_0^{\log 2} (9-1) e^{4y} \, dy = 4 \int_0^{\log 2} e^{4y} \, dy$$

$$= 4 \left[\frac{1}{4} e^{4y}\right]_0^{\log 2} = 16 - 1 = 15$$

(2) $\displaystyle\int_0^{\frac{\pi}{2}} \left\{\int_0^{\frac{\pi}{4}} \sin(3x-y) \, dy\right\} dx = \int_0^{\frac{\pi}{2}} \left[-\frac{1}{(-1)} \cos(3x-y)\right]_0^{\frac{\pi}{4}} dx$

$$= \int_0^{\frac{\pi}{2}} \left\{\cos\left(3x - \frac{\pi}{4}\right) - \cos 3x\right\} dx$$

$$= \left[\frac{1}{3} \sin\left(3x - \frac{\pi}{4}\right) - \frac{1}{3} \sin 3x\right]_0^{\frac{\pi}{2}}$$

$$= \frac{1}{3}\left(-\frac{1}{\sqrt{2}} + \frac{1}{\sqrt{2}} + 1\right) = \frac{1}{3}$$

問 10.2 公式 10.2 を用いて重積分を求めよ．

(1) $\int_{\log 3}^{\log 5} \left\{ \int_0^{\log 2} e^{3x+2y} \, dx \right\} dy$ (2) $\int_{\log 2}^{\log 3} \left\{ \int_0^{\log 2} \frac{1}{e^{x-2y}} \, dy \right\} dx$

(3) $\int_0^{\frac{\pi}{2}} \left\{ \int_{-\frac{\pi}{4}}^{\frac{\pi}{4}} \cos(x-y) \, dx \right\} dy$ (4) $\int_0^{\frac{\pi}{4}} \left\{ \int_{\frac{\pi}{4}}^{\frac{\pi}{2}} \sin(x+2y) \, dy \right\} dx$

10.2 その他の重積分

置換積分や部分積分などを用いて関数を重積分する．

積分で関数の変数をおきかえる（置換する）と，次が成り立つ．

公式 10.3 置換積分，積分の変数変換

(1) 関数 $y = f(x)$ で $x = g(t)$ とすると

$$\int f(x) \, dx = \int f(g(t)) \frac{dx}{dt} \, dt = \int f(g(t)) g'(t) \, dt$$

(2) 関数 $y = f(x)$ で $x = g(t)$ とし，下端が $a = g(\alpha)$，上端が $b = g(\beta)$ ならば

$$\int_a^b f(x) \, dx = \int_\alpha^\beta f(g(t)) \frac{dx}{dt} \, dt = \int_\alpha^\beta f(g(t)) g'(t) \, dt$$

微分を含む式を積分すると，次が成り立つ．これは置換積分を用いることもできる．

公式 10.4 微分を含む式の計算

(1) $\int \{f(x)\}^n f'(x) \, dx = \frac{1}{n+1} \{f(x)\}^{n+1} + C \quad (n \neq -1)$

(2) $\int \frac{f'(x)}{f(x)} \, dx = \log |f(x)| + C$

2 つの関数の積を積分するには，次の方法を用いる．

公式 10.5 部分積分

(1) $\int f(x) g'(x) \, dx = f(x) g(x) - \int f'(x) g(x) \, dx$

(2) $\int_a^b f(x) g'(x) \, dx = \Big[f(x) g(x) \Big]_a^b - \int_a^b f'(x) g(x) \, dx$

例 1 公式 10.3〜10.5 を用いて重積分を求める．

(1) 公式 10.3 (2) より

$$\int_0^2 \left\{ \int_{\frac{1}{2}}^1 xy \cos(\pi x^2 y) \, dx \right\} dy$$

$$t = x^2, \quad dt = 2x \, dx, \quad \begin{cases} t = 1 \\ t = \dfrac{1}{4} \end{cases}$$

$$\int_0^2 \left\{ \int_{\frac{1}{4}}^1 \frac{y}{2} \cos(\pi t y)\, dt \right\} dy = \frac{1}{2\pi} \int_0^2 \Big[\sin(\pi t y)\Big]_{\frac{1}{4}}^1 dy$$

$$= \frac{1}{2\pi} \int_0^2 \left\{ \sin(\pi y) - \sin\left(\frac{\pi}{4} y\right) \right\} dy$$

$$= \frac{1}{2\pi} \left[-\frac{1}{\pi} \cos(\pi y) + \frac{4}{\pi} \cos\left(\frac{\pi}{4} y\right) \right]_0^2$$

$$= \frac{1}{2\pi^2}(-1+1+0-4) = -\frac{2}{\pi^2}$$

(2) 公式 10.5 (2) と $(e^{x+y})_y = e^{x+y}$ より

$$\int_{-1}^1 \left\{ \int_0^2 y e^{x+y}\, dy \right\} dx = \int_{-1}^1 \left\{ \int_0^2 y(e^{x+y})_y\, dy \right\} dx$$

$$= \int_{-1}^1 \left\{ \Big[y e^{x+y}\Big]_0^2 - \int_0^2 e^{x+y}\, dy \right\} dx$$

$$= \int_{-1}^1 \left\{ 2e^{x+2} - \Big[e^{x+y}\Big]_0^2 \right\} dx$$

$$= \int_{-1}^1 (e^{x+2} + e^x)\, dx = \Big[e^{x+2} + e^x\Big]_{-1}^1$$

$$= e^3 - e + e - e^{-1} = e^3 - \frac{1}{e}$$

練習問題 10

1. 公式 10.1,10.2 を用いて重積分を求めよ．

(1) $\displaystyle\int_0^1 \left\{ \int_{-1}^1 (2x+3y-1)^2\, dx \right\} dy$

(2) $\displaystyle\int_0^1 \left\{ \int_5^6 \frac{1}{(3x-y+1)^2}\, dy \right\} dx$

(3) $\displaystyle\int_1^2 \left\{ \int_1^3 \sqrt{3x-2y+1}\, dx \right\} dy$

(4) $\displaystyle\int_1^2 \left\{ \int_0^2 \frac{1}{\sqrt{x+4y-1}^3}\, dy \right\} dx$

(5) $\displaystyle\int_{-1}^1 \left\{ \int_0^1 e^{2x-3y+1}\, dx \right\} dy$

(6) $\displaystyle\int_{-1}^0 \left\{ \int_0^2 \frac{1}{e^{4x+2y-3}}\, dy \right\} dx$

(7) $\displaystyle\int_0^{\frac{\pi}{2}} \left\{ \int_{\frac{\pi}{6}}^{\frac{\pi}{3}} \cos(3x-2y-\pi)\, dx \right\} dy$

(8) $\displaystyle\int_{-\frac{\pi}{4}}^{\frac{\pi}{4}} \left\{ \int_{\frac{\pi}{4}}^{\frac{\pi}{2}} \sin\left(2x+3y+\frac{\pi}{2}\right) dy \right\} dx$

2. 公式 10.3〜10.5 などを用いて重積分を求めよ．

(1) $\displaystyle\int_1^2 \left\{ \int_0^3 \frac{4xy^2}{x^2+1}\, dx \right\} dy$ （公式 10.4）

(2) $\displaystyle\int_0^1 \left\{ \int_1^2 \frac{y}{\sqrt{x+y^2}}\, dy \right\} dx$ （公式 10.4）

(3) $\int_0^1 \left\{ \int_0^1 xye^{x^2y}\, dx \right\} dy$ ($t = x^2$ として公式 10.3)

(4) $\int_0^{\frac{\pi}{2}} \left\{ \int_0^{\sqrt{\pi}} y\sin(x+y^2)\, dy \right\} dx$ ($t = y^2$ として公式 10.3)

(5) $\int_1^3 \left\{ \int_1^e y\log x\, dx \right\} dy$ ($(x)_x \log x$ として公式 10.5)

(6) $\int_1^2 \left\{ \int_0^1 \dfrac{1}{x+y}\, dy \right\} dx$ ($(x)_x \log|x|,\ (x)_x \log|x+1|$ として公式 10.5)

(7) $\int_1^2 \left\{ \int_0^1 \dfrac{y^2}{(2x+y)^2}\, dx \right\} dy$ ($t = y+2$ として公式 10.3)

(8) $\int_1^3 \left\{ \int_0^3 \dfrac{x}{(x+y)^3}\, dy \right\} dx$ ($t = x+3$ として公式 10.3)

解答

問 10.1 (1) $\dfrac{31}{15}$ (2) $-\dfrac{7}{4}$ (3) $\dfrac{1}{6}$ (4) $\dfrac{16}{15}(4-\sqrt{2})$

問 10.2 (1) $\dfrac{56}{3}$ (2) $\dfrac{1}{4}$ (3) $\sqrt{2}$ (4) $\dfrac{\sqrt{2}-1}{2}$

練習問題 10

1. (1) $\dfrac{14}{3}$ (2) $\dfrac{1}{3}\log\dfrac{8}{5}$ (3) $\dfrac{8}{45}(31\sqrt{2}-9\sqrt{6})$

 (4) $2\sqrt{2}-2$ (5) $\dfrac{1}{6}\left(e^6-e^4+\dfrac{1}{e^2}-1\right)$ (6) $\dfrac{1}{8}\left(e^7-2e^3+\dfrac{1}{e}\right)$

 (7) $-\dfrac{1}{3}$ (8) $-\dfrac{2+\sqrt{2}}{6}$

2. (1) $\dfrac{14}{3}\log 10$ (2) $\dfrac{2}{3}(5\sqrt{5}-2\sqrt{2}-7)$ (3) $\dfrac{e}{2}-1$

 (4) 1 (5) 4 (6) $\log\dfrac{27}{16}$ (7) $1-2\log\dfrac{4}{3}$ (8) $\dfrac{1}{2}\left(\log 2+\dfrac{1}{4}\right)$

§11 いろいろな図形での重積分

これまで主に長方形で重積分を求めてきた．しかし，これだけでは不十分で，他の図形も考える必要がある．ここでは長方形以外のいろいろな図形で重積分する．

11.1 いろいろな図形での重積分

長方形以外の図形で重積分を求める．

> **例題 11.1** 公式 8.1 を用いて重積分を求めよ．
> (1) $\displaystyle\iint_D xy\, dxdy \qquad D:\begin{cases} 0 \leqq x \leqq 1 \\ x \leqq y \leqq x+1 \end{cases}$ （平行四辺形）
> (2) $\displaystyle\iint_D (x+2y)\, dxdy \qquad D:\begin{cases} 0 \leqq x,\ 0 \leqq y \\ x+y \leqq 1 \end{cases}$ （三角形）

解 図形 D の式を用いて，重積分を逐次積分に直して計算する．

上端や下端に変数があるときは内側で先に積分する．

(1) 公式 8.2 より

$$\iint_D xy\, dxdy = \int_0^1 \left\{ \int_x^{x+1} xy\, dy \right\} dx = \int_0^1 x \left[\frac{1}{2}y^2 \right]_x^{x+1} dx$$

$$= \frac{1}{2}\int_0^1 x\{(x+1)^2 - x^2\}\, dx$$

$$= \frac{1}{2}\int_0^1 (2x^2 + x)\, dx = \frac{1}{2}\left[\frac{2}{3}x^3 + \frac{1}{2}x^2 \right]_0^1$$

$$= \frac{1}{2}\left(\frac{2}{3} + \frac{1}{2} \right) = \frac{7}{12}$$

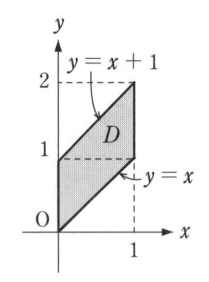

図 11.1 平行四辺形での重積分．

(2) 図 11.2 より

$$D:\begin{cases} 0 \leqq x \leqq 1 \\ 0 \leqq y \leqq 1-x \end{cases}$$

公式 8.2 より

$$\iint_D (x+2y)\, dxdy = \int_0^1 \left\{ \int_0^{1-x} (x+2y)\, dy \right\} dx$$

$$= \int_0^1 \left[xy + y^2 \right]_0^{1-x} dx$$

$$= \int_0^1 \left\{ x(1-x) + (1-x)^2 \right\} dx$$

$$= \int_0^1 (1-x)\, dx = \left[x - \frac{1}{2}x^2 \right]_0^1 = 1 - \frac{1}{2} = \frac{1}{2}$$

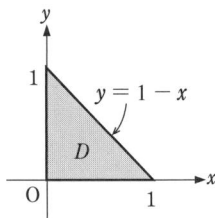

図 11.2 三角形での重積分．

問 11.1 公式 8.1 を用いて重積分を求めよ．

(1) $\iint_D xy^2 \, dxdy \quad D: \begin{cases} 0 \leqq x \leqq 1 \\ 0 \leqq y \leqq x \end{cases}$

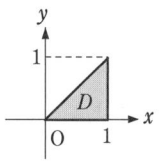

(2) $\iint_D x^2y^2 \, dxdy \quad D: \begin{cases} 0 \leqq x \leqq y \\ 0 \leqq y \leqq 1 \end{cases}$

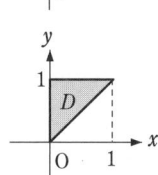

(3) $\iint_D (x+y) \, dxdy \quad D: \begin{cases} 0 \leqq x \leqq 1 \\ 0 \leqq y \leqq x+1 \end{cases}$

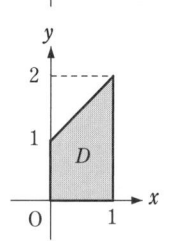

(4) $\iint_D (y^2-x^2) \, dxdy \quad D: \begin{cases} -y \leqq x \leqq y \\ 0 \leqq y \leqq 1 \end{cases}$

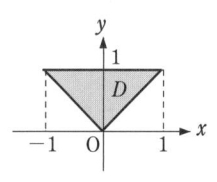

注意1 図形 D をかいて不等式で $a \leqq x \leqq b$, $c(x) \leqq y \leqq d(x)$ または $a(y) \leqq x \leqq b(y)$, $c \leqq y \leqq d$ と表す．

注意2 x の式は積分 $\int_a^b \cdots dx$ の外に出せない．y の式は積分 $\int_c^d \cdots dy$ の外に出せない．

11.2 置換積分

図形 D の式が複雑になる場合は，変数を取りかえて（変換して）重積分する．

例1 図形の式を変数変換する．

(1) $D: \begin{cases} 0 \leqq x \leqq 1 \\ x \leqq y \leqq x+1 \end{cases}$ （平行四辺形）

$x = s$, $y = s+t$ とおくと

$K: \begin{cases} 0 \leqq s \leqq 1 \\ s \leqq s+t \leqq s+1 \end{cases}$ より $\begin{cases} 0 \leqq s \leqq 1 \\ 0 \leqq t \leqq 1 \end{cases}$

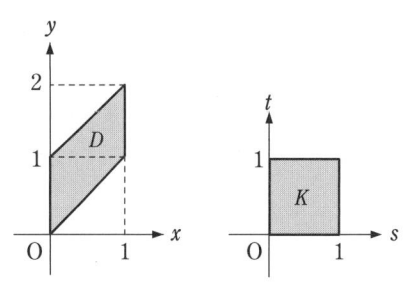

図 11.3 平行四辺形を正方形にする．

(2) $D : \begin{cases} 0 \leq x \leq 1 \\ 0 \leq y \leq 1-x \end{cases}$ （三角形）

$x = s,\ y = t(1-s)$ とおくと

$K : \begin{cases} 0 \leq s \leq 1 \\ 0 \leq t(1-s) \leq 1-s \end{cases}$ より $\begin{cases} 0 \leq s \leq 1 \\ 0 \leq t \leq 1 \end{cases}$

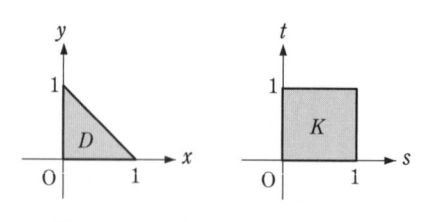

図 11.4　三角形を正方形にする．

(3) $D : 0 \leq x^2 + y^2 \leq 1$ （単位円）

$x = s\cos t,\ y = s\sin t\ (s \geq 0)$ とおくと

$K : \begin{cases} 0 \leq s^2 \leq 1 \\ 0 \leq t \leq 2\pi \end{cases}$ より $\begin{cases} 0 \leq s \leq 1 \\ 0 \leq t \leq 2\pi \end{cases}$

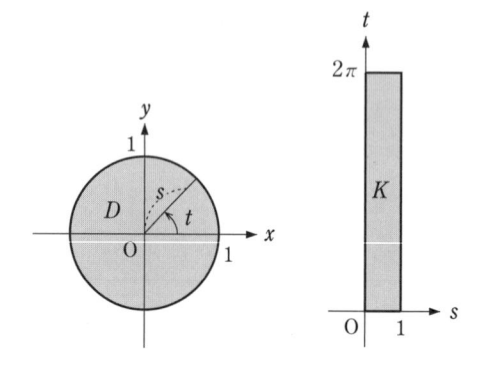

図 11.5　円を長方形にする．

さて公式 10.3 と同様に，2 変数関数で変数をおきかえて（置換して）重積分すると，次が成り立つ．

公式 11.1　2 変数関数の置換積分，重積分の変数変換

関数 $z = f(x, y)$ で $x = g(s, t),\ y = h(s, t)$ とし，xy 平面の図形 D が st 平面の図形 K に対応するならば

$$\iint_D f(x, y)\, dxdy = \iint_K f(g(s,t), h(s,t)) \left| \frac{\partial(x, y)}{\partial(s, t)} \right| dsdt$$

$$= \iint_K f(g(s,t), h(s,t)) \left\| \begin{matrix} x_s & x_t \\ y_s & y_t \end{matrix} \right\| dsdt$$

[解説] 変数 (x, y) と $dxdy$ の式から変数 (s, t) と $dsdt$ の式に書きかえる．このときヤコビ行列式を用いる．また積分図形も D から K に取りかえる．

[注意] 図形 D の点 (x, y) と図形 K の点 (s, t) で拡大すると，各平行四辺形の面積比はヤコビ行列式にになる．

$$\frac{dxdy}{dsdt} = \left| \frac{\partial(x, y)}{\partial(s, t)} \right|$$

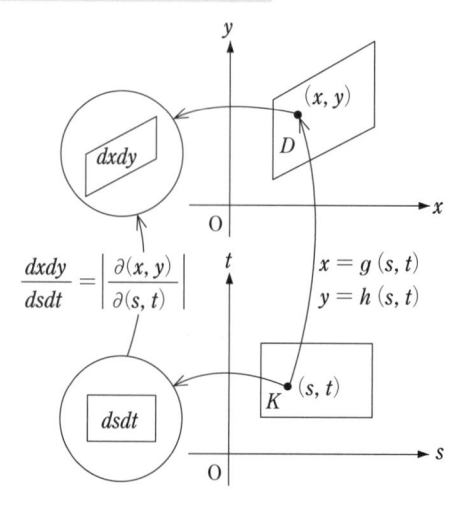

図 11.6　平行四辺形の面積比とヤコビ行列式．

> **例題 11.2** 公式 11.1 を用いて重積分を求めよ．
>
> (1) $\iint_D xy\, dxdy \quad D:\begin{cases} 0 \leqq x \leqq 1 \\ x \leqq y \leqq x+1 \end{cases}, \quad \begin{cases} x = s \\ y = s+t \end{cases}$
>
> (2) $\iint_D (x^2+y^2)\, dxdy$
>
> $\quad D: 0 \leqq x^2+y^2 \leqq 1, \quad \begin{cases} x = s\cos t \\ y = s\sin t \end{cases} \quad (s \geqq 0)$

解 変数を変換して図形の式を書きかえる．そして重積分を逐次積分に直して計算する．(1) は例題 11.1 (1) の結果と等しくなる．

(1) 例 1 (1) より

$$K:\begin{cases} 0 \leqq s \leqq 1 \\ 0 \leqq t \leqq 1 \end{cases}$$

公式 1.1 より

$$\begin{cases} x_s = (s)_s = 1 \\ y_s = (s)_s + (t)_s = 1 \end{cases}, \quad \begin{cases} x_t = (s)_t = 0 \\ y_t = (s)_t + (t)_t = 1 \end{cases}$$

公式 8.2 より

$$\iint_D xy\, dxdy = \iint_K s(s+t)\begin{Vmatrix} 1 & 0 \\ 1 & 1 \end{Vmatrix} dsdt = \int_0^1 \left\{\int_0^1 (s^2+st)\, ds\right\} dt$$

$$= \int_0^1 \left[\frac{1}{3}s^3 + \frac{1}{2}s^2 t\right]_0^1 dt = \int_0^1 \left(\frac{1}{3} + \frac{1}{2}t\right) dt$$

$$= \left[\frac{1}{3}t + \frac{1}{4}t^2\right]_0^1 = \frac{1}{3} + \frac{1}{4} = \frac{7}{12}$$

(2) 例 1 (3) より

$$K:\begin{cases} 0 \leqq s \leqq 1 \\ 0 \leqq t \leqq 2\pi \end{cases}$$

公式 1.1, 4.1 より

$$\begin{cases} x_s = (s)_s \cos t = \cos t \\ y_s = (s)_s \sin t = \sin t \end{cases}, \quad \begin{cases} x_t = s(\cos t)_t = -s\sin t \\ y_t = s(\sin t)_t = s\cos t \end{cases}$$

公式 8.2 より

$$\iint_D (x^2+y^2)\, dxdy$$

$$= \iint_K (s^2\cos^2 t + s^2\sin^2 t)\begin{Vmatrix} \cos t & -s\sin t \\ \sin t & s\cos t \end{Vmatrix} dsdt$$

$$= \iint_K s^2 \cdot s\, dsdt = \int_0^{2\pi}\left\{\int_0^1 s^3\, ds\right\} dt = \int_0^{2\pi}\left[\frac{1}{4}s^4\right]_0^1 dt$$

$$= \frac{1}{4}\int_0^{2\pi} dt = \frac{1}{4}\left[t\right]_0^{2\pi} = \frac{\pi}{2}$$

問 11.2 公式 11.1 を用いて重積分を求めよ．

(1) $\iint_D xy\, dxdy$ $D: \begin{cases} y \leq x \leq y+1 \\ 0 \leq y \leq 1 \end{cases}$, $\begin{cases} x = s+t \\ y = t \end{cases}$

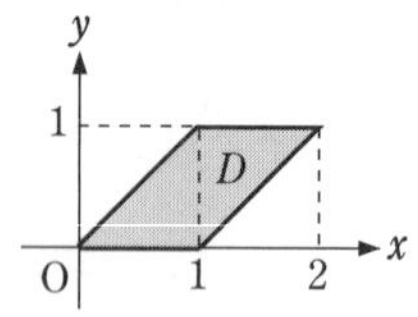

(2) $\iint_D (x+y)\, dxdy$ $D: \begin{cases} 1 \leq x \leq 2 \\ 0 \leq y \leq x, \end{cases}$ $\begin{cases} x = s \\ y = st \end{cases}$

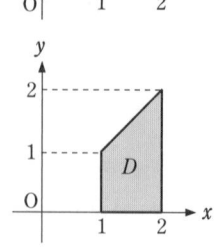

(3) $\iint_D \sqrt{x^2+y^2}\, dxdy$

$D: \begin{cases} 0 \leq y \\ 0 \leq x^2+y^2 \leq 1, \end{cases}$ $\begin{cases} x = s\cos t \\ y = s\sin t \end{cases}$ $(s \geq 0)$

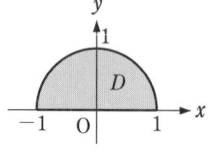

(4) $\iint_D (2x-y)\, dxdy$

$D: \begin{cases} 0 \leq x,\ 0 \leq y \\ 0 \leq x^2+y^2 \leq 1, \end{cases}$ $\begin{cases} x = s\cos t \\ y = s\sin t \end{cases}$ $(s \geq 0)$

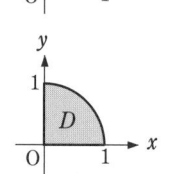

練習問題 11

1. 公式 8.1 を用いて重積分を求めよ．

(1) $\iint_D e^{x+y}\, dxdy$ $D: \begin{cases} 0 \leq x \leq 1 \\ 2x-1 \leq y \leq x \end{cases}$

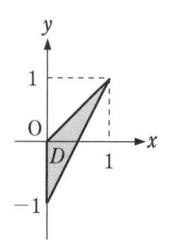

(2) $\iint_D \sin(x+y)\, dxdy$ $D: \begin{cases} y \leq x \leq y+\dfrac{\pi}{2} \\ 0 \leq y \leq \dfrac{\pi}{2} \end{cases}$

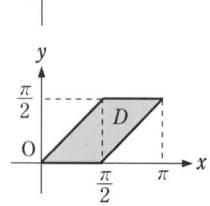

(3) $\iint_D (y-x)\, dxdy$ $D: \begin{cases} -1 \leq x \leq 1 \\ x^2 \leq y \leq 1 \end{cases}$

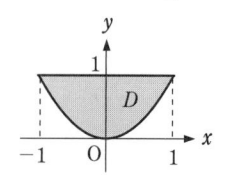

(4) $\displaystyle\iint_D (x+y)\,dxdy \quad D:\begin{cases} y^2 \leqq x \leqq \sqrt{y} \\ 0 \leqq y \leqq 1 \end{cases}$

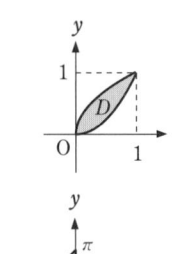

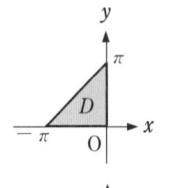

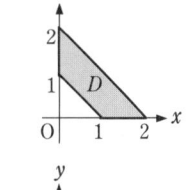

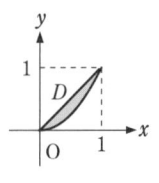

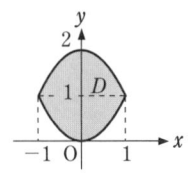

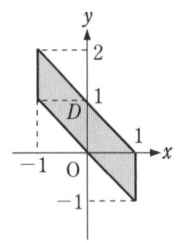

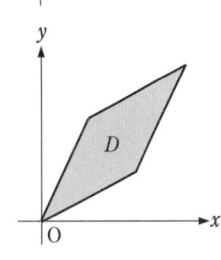

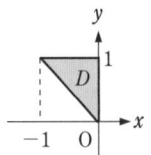

(5) $\displaystyle\iint_D \cos(x+y)\,dxdy \quad D:\begin{cases} x \leqq 0,\ 0 \leqq y \\ y-x \leqq \pi \end{cases}$

(6) $\displaystyle\iint_D e^{x-y}\,dxdy \quad D:\begin{cases} 0 \leqq x,\ 0 \leqq y \\ 1 \leqq x+y \leqq 2 \end{cases}$

(7) $\displaystyle\iint_D xy\,dxdy \quad D:\begin{cases} 0 \leqq x \leqq 1 \\ x^2 \leqq y \leqq x \end{cases}$

(8) $\displaystyle\iint_D (x^2+y)\,dxdy \quad D:\begin{cases} -1 \leqq x \leqq 1 \\ x^2 \leqq y \leqq 2-x^2 \end{cases}$

2. 公式 11.1 を用いて重積分を求めよ．

(1) $\displaystyle\iint_D (x^2+y)\,dxdy$

$D:\begin{cases} -1 \leqq x \leqq 1 \\ -x \leqq y \leqq -x+1 \end{cases},\ \begin{cases} x = s \\ y = t-s \end{cases}$

(2) $\displaystyle\iint_D (x+y)\,dxdy$

$D:\begin{cases} -3 \leqq y-2x \leqq 0 \\ 0 \leqq 2y-x \leqq 3 \end{cases},\ \begin{cases} x = \dfrac{1}{3}(s-2t) \\ y = \dfrac{1}{3}(2s-t) \end{cases}$

(3) $\displaystyle\iint_D xy^2\,dxdy \quad D:\begin{cases} -y \leqq x \leqq 0 \\ 0 \leqq y \leqq 1 \end{cases},\ \begin{cases} x = st \\ y = t \end{cases}$

(4) $\iint_D x^2y^2\,dxdy \quad D:\begin{cases}0\leq x\leq 1\\-x\leq y\leq x\end{cases},\quad \begin{cases}x=s\\y=st\end{cases}$

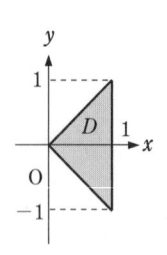

(5) $\iint_D \dfrac{1}{x^2+y^2}\,dxdy$

$D:1\leq x^2+y^2\leq 4,\quad \begin{cases}x=s\cos t\\y=s\sin t\end{cases}\ (s\geq 0)$

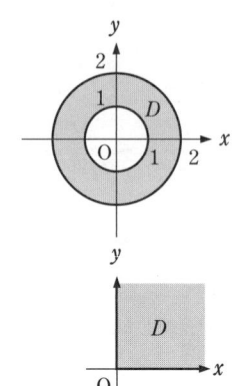

(6) $\iint_D e^{-x^2-y^2}\,dxdy$

$D:\begin{cases}0\leq x\\0\leq y\end{cases},\quad \begin{cases}x=s\cos t\\y=s\sin t\end{cases}\ (s\geq 0)$

($r=s^2$ として公式 10.3)

解答

問 11.1 (1) $\dfrac{1}{15}$ (2) $\dfrac{1}{18}$ (3) 2 (4) $\dfrac{1}{3}$

問 11.2 (1) $\dfrac{7}{12}$ (2) $\dfrac{7}{2}$ (3) $\dfrac{\pi}{3}$ (4) $\dfrac{1}{3}$

練習問題 11

1. (1) $\dfrac{1}{6}e^2+\dfrac{1}{3e}-\dfrac{1}{2}$ (2) 1 (3) $\dfrac{4}{5}$ (4) $\dfrac{3}{10}$

(5) 2 (6) $\dfrac{1}{2}\left(e^2-e-\dfrac{1}{e}+\dfrac{1}{e^2}\right)$ (7) $\dfrac{1}{24}$ (8) $\dfrac{16}{5}$

2. (1) $\dfrac{5}{3}$ (2) 9 (3) $-\dfrac{1}{10}$ (4) $\dfrac{1}{9}$ (5) $2\pi\log 2$

(6) $\dfrac{\pi}{4}$

§12 重積分の応用

重積分の目的は 2 変数関数を用いて立体の体積などを計算することである．ここでは重積分を用いて立体の体積と曲面の面積を求める．

12.1 立体の体積

重積分を用いて，曲面に囲まれた立体の体積を求める．

図形 D で 2 曲面 $z = f(x, y)$ と $z = g(x, y)$ に囲まれた立体の体積を V とする．

点 A で拡大すると底面積が $dxdy$，高さが $|f(x, y) - g(x, y)|$ の角柱の体積は $|f(x, y) - g(x, y)| dxdy$ となる．これを図形 D でたし合わせれば重積分になり，体積 V が求まる．

$$V = \underbrace{\iint_D |f(x, y) - g(x, y)| dxdy}_{\text{角柱の体積}}$$

（D でたし合わせる．）

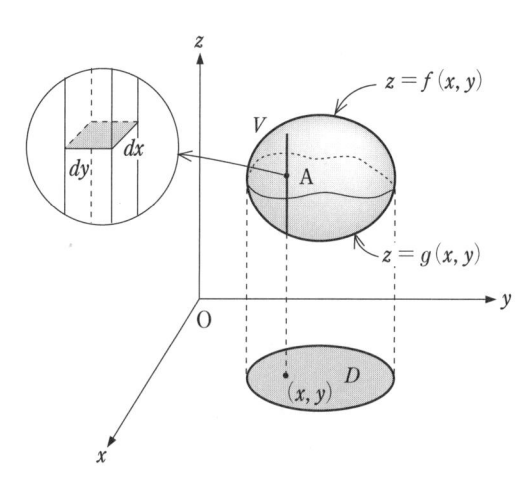

図 12.1 D で 2 曲面 $z = f(x, y)$ と $z = g(x, y)$ に囲まれた立体の体積と重積分．

これをまとめておく．

公式 12.1 2 曲面に囲まれた立体の体積

図形 D で 2 曲面 $z = f(x, y)$ と $z = g(x, y)$ に囲まれた立体の体積 V は

$$V = \iint_D |f(x, y) - g(x, y)| dxdy$$

[解説] 関数 $f(x, y) - g(x, y)$ の符号は変化するので絶対値 $|f(x, y) - g(x, y)|$ を積分すると体積が求まる．実際には図形 D を分けて符号を一定にする．

例題 12.1 公式 12.1 を用いて体積を求めよ．

図形 $D : 0 \leq x \leq 1$, $0 \leq y \leq 1 - x$ で平面 $z = 1 - x - y$ と xy 平面に囲まれた立体（四面体，三角錐）．

[解] 変数 z の符号を調べてから積分する．

図形 D で平面 $z = 1 - x - y$ と xy 平面に囲まれた立体の体積を V とする．

図形 D で $z \geq 0$ となる．公式 8.2 より

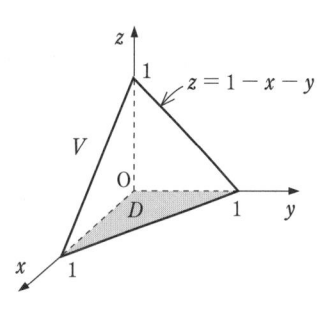

図 12.2 D で平面 $z = 1 - x - y$ と xy 平面に囲まれた立体の体積と重積分．

$$\begin{aligned}
V &= \iint_D (1-x-y)\,dxdy \\
&= \int_0^1 \left\{ \int_0^{1-x} (1-x-y)\,dy \right\} dx \\
&= \int_0^1 \left[y - xy - \frac{1}{2}y^2 \right]_0^{1-x} dx \\
&= \int_0^1 \left\{ 1-x - x(1-x) - \frac{1}{2}(1-x)^2 \right\} dx \\
&= \int_0^1 \left(\frac{1}{2} - x + \frac{1}{2}x^2 \right) dx = \left[\frac{1}{2}x - \frac{1}{2}x^2 + \frac{1}{6}x^3 \right]_0^1 \\
&= \frac{1}{2} - \frac{1}{2} + \frac{1}{6} = \frac{1}{6}
\end{aligned}$$

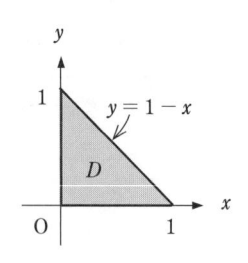

図 12.3 $0 \leqq x \leqq 1$ で直線 $y=1-x$ と x 軸に囲まれた図形 D.

問 12.1 公式 12.1 を用いて体積を求めよ.

(1) 図形 $D: 0 \leqq x \leqq 1,\ 0 \leqq y \leqq 1-x$ で平面 $z = 3-2x-y$ ($z \geqq 0$) と xy 平面に囲まれた立体.

(2) 図形 $D: 0 \leqq x \leqq 1,\ -x \leqq y \leqq x$ で曲面 $z = 2-x^2-y^2$ ($z \geqq 0$) と xy 平面に囲まれた立体.

12.2 曲面の面積

曲面の面積を求める.

まず座標軸から作った直角三角形の 3 辺の長さを a, b, c とする(図 12.4).このとき次のピタゴラスの定理が成り立つ.
$$a^2 = b^2 + c^2$$

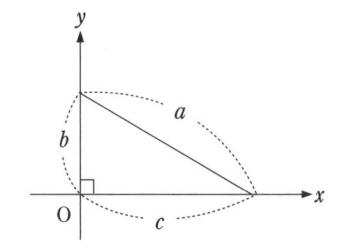

図 12.4 直角三角形の 3 辺の長さ.

次に座標平面から作った四面体(三角錐)OABC で考える.各面 $\triangle$ABC, $\triangle$OAB, $\triangle$OBC, $\triangle$OCA の面積をそれぞれ S, S_1, S_2, S_3 とする(図 12.5).このとき次の面積のピタゴラスの定理が成り立つ.
$$S^2 = S_1{}^2 + S_2{}^2 + S_3{}^2$$

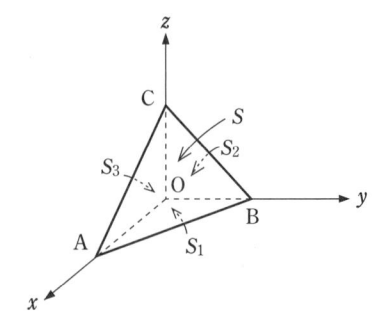

図 12.5 四面体の OABC の各面の面積.

図形 D での曲面の面積を S とする．

曲面を細かく三角形に分けて点 A で拡大すると，ピタゴラスの定理より三角形の面積 dS は
$$dS = \sqrt{(dxdy)^2+(dydz)^2+(dzdx)^2}$$
これを図形 D でたし合わせれば重積分になり，面積 S が求まる．

$$S = \underbrace{\iint_D}_{\text{D でたし合わせる．}} \underbrace{\sqrt{(dxdy)^2+(dydz)^2+(dzdx)^2}}_{\text{三角形の面積}}$$

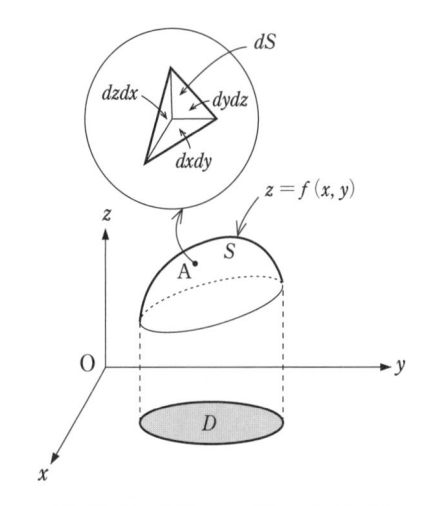

図 12.6　曲面 $z = f(x, y)$ の面積と重積分．

これより次が成り立つ．

公式 12.2　曲面の面積

曲面の面積 S は次のようになる．

(1) 曲面 $z = f(x, y)$ （点 (x, y) は図形 D に入る）の場合
$$S = \iint_D \sqrt{1+\left(\frac{\partial z}{\partial x}\right)^2+\left(\frac{\partial z}{\partial y}\right)^2}\, dxdy$$
$$= \iint_D \sqrt{1+z_x{}^2+z_y{}^2}\, dxdy$$

(2) 曲面 $x = f(s, t)$, $y = g(s, t)$, $z = h(s, t)$ （点 (s, t) は図形 K に入る）の場合
$$S = \iint_K \sqrt{\left(\frac{\partial(x,y)}{\partial(s,t)}\right)^2+\left(\frac{\partial(y,z)}{\partial(s,t)}\right)^2+\left(\frac{\partial(z,x)}{\partial(s,t)}\right)^2}\, dsdt$$
$$= \iint_K \sqrt{\left|\begin{matrix} x_s & x_t \\ y_s & y_t \end{matrix}\right|^2 + \left|\begin{matrix} y_s & y_t \\ z_s & z_t \end{matrix}\right|^2 + \left|\begin{matrix} z_s & z_t \\ x_s & x_t \end{matrix}\right|^2}\, dsdt$$

[解説] 式 $\sqrt{(dxdy)^2+(dydz)^2+(dzdx)^2}$ を各曲面の式に応じて変形し，重積分すると曲面の面積が求まる．(1) では偏導関数の式になる．

$$\sqrt{(dxdy)^2+(dydz)^2+(dzdx)^2}$$
$$= \sqrt{\left\{1+\frac{(dydz)^2}{(dxdy)^2}+\frac{(dzdx)^2}{(dxdy)^2}\right\}(dxdy)^2}$$
$$= \sqrt{1+\left(\frac{\partial z}{\partial x}\right)^2+\left(\frac{\partial z}{\partial y}\right)^2}\, dxdy$$

(2) ではヤコビ行列式を含む式になる．

$$\sqrt{(dxdy)^2+(dydz)^2+(dzdx)^2}$$
$$= \sqrt{\left\{\frac{(dxdy)^2}{(dsdt)^2}+\frac{(dydz)^2}{(dsdt)^2}+\frac{(dzdx)^2}{(dsdt)^2}\right\}(dsdt)^2}$$

$$= \sqrt{\left(\frac{\partial(x,y)}{\partial(s,t)}\right)^2+\left(\frac{\partial(y,z)}{\partial(s,t)}\right)^2+\left(\frac{\partial(z,x)}{\partial(s,t)}\right)^2}\,dsdt$$

例題 12.2 公式 12.2 を用いて曲面の面積を求めよ．

(1) $z = \dfrac{2}{3}\left(\sqrt{x}^3+\sqrt{y}^3\right)\qquad D:\begin{cases} 0 \leqq x \leqq 1 \\ 0 \leqq y \leqq 1 \end{cases}$

(2) $\begin{cases} x = s\cos t \\ y = s\sin t \\ z = \dfrac{1}{2}s^2 \end{cases}\qquad K:\begin{cases} 0 \leqq s \leqq 2 \\ 0 \leqq t \leqq 2\pi \end{cases}$ （回転放物面）

解 式 $\sqrt{(dxdy)^2+(dydz)^2+(dzdx)^2}$ を計算してから重積分する．

(1) 図形 D での曲面の面積を S とする．

$$z_x = \frac{2}{3}\left\{\left(\sqrt{x}^3\right)_x+\left(\sqrt{y}^3\right)_x\right\} = \sqrt{x}$$

$$z_y = \frac{2}{3}\left\{\left(\sqrt{x}^3\right)_y+\left(\sqrt{y}^3\right)_y\right\} = \sqrt{y}$$

$$\sqrt{1+z_x^2+z_y^2} = \sqrt{1+x+y}$$

公式 10.1 より

$$S = \iint_D \sqrt{1+x+y}\,dxdy = \int_0^1\left\{\int_0^1 \sqrt{1+x+y}\,dx\right\}dy$$

$$= \int_0^1 \left[\frac{2}{3}\sqrt{1+x+y}^3\right]_0^1 dy = \frac{2}{3}\int_0^1 \left\{\sqrt{2+y}^3-\sqrt{1+y}^3\right\}dy$$

$$= \frac{2}{3}\left[\frac{2}{5}\sqrt{2+y}^5-\frac{2}{5}\sqrt{1+y}^5\right]_0^1$$

$$= \frac{4}{15}(\sqrt{3}^5-\sqrt{2}^5-\sqrt{2}^5+1) = \frac{4}{15}(9\sqrt{3}-8\sqrt{2}+1)$$

(2) 図形 K での回転放物面の面積を S とする．

$$\begin{cases} x_s = (s)_s\cos t = \cos t \\ y_s = (s)_s\sin t = \sin t \\ z_s = \dfrac{1}{2}(s^2)_s = s \end{cases}$$

$$\begin{cases} x_t = s(\cos t)_t = -s\sin t \\ y_t = s(\sin t)_t = s\cos t \\ z_t = \dfrac{1}{2}(s^2)_t = 0 \end{cases}$$

$$\begin{vmatrix} x_s & x_t \\ y_s & y_t \end{vmatrix} = \begin{vmatrix} \cos t & -s\sin t \\ \sin t & s\cos t \end{vmatrix} = s\cos^2 t + s\sin^2 t = s$$

$$\begin{vmatrix} y_s & y_t \\ z_s & z_t \end{vmatrix} = \begin{vmatrix} \sin t & s\cos t \\ s & 0 \end{vmatrix} = -s^2\cos t$$

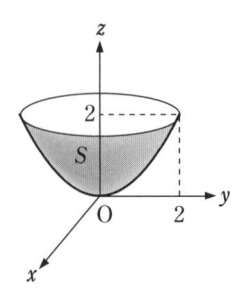

図 12.7 K で曲面 $x = s\cos t$, $y = s\sin t$, $z = \dfrac{1}{2}s^2$ の面積．

$$\begin{vmatrix} z_s & z_t \\ x_s & x_t \end{vmatrix} = \begin{vmatrix} s & 0 \\ \cos t & -s\sin t \end{vmatrix} = -s^2 \sin t$$

$$\sqrt{\begin{vmatrix} x_s & x_t \\ y_s & y_t \end{vmatrix}^2 + \begin{vmatrix} y_s & y_t \\ z_s & z_t \end{vmatrix}^2 + \begin{vmatrix} z_s & z_t \\ x_s & x_t \end{vmatrix}^2} = \sqrt{s^2 + s^4 \cos^2 t + s^4 \sin^2 t}$$
$$= \sqrt{s^2 + s^4} = s\sqrt{1+s^2}$$

公式 8.2，10.4 (1) より

$$S = \iint_K s\sqrt{1+s^2}\,dsdt = \int_0^{2\pi}\left\{\int_0^2 s\sqrt{1+s^2}\,ds\right\}dt$$
$$= \frac{1}{2}\int_0^{2\pi}\left\{\int_0^2 \sqrt{1+s^2}(1+s^2)'\,ds\right\}dt$$
$$= \frac{1}{2}\int_0^{2\pi} \frac{2}{3}\left[\sqrt{1+s^2}^3\right]_0^2 dt = \frac{1}{3}(5\sqrt{5}-1)\int_0^{2\pi} dt$$
$$= \frac{1}{3}(5\sqrt{5}-1)\left[t\right]_0^{2\pi} = \frac{2}{3}(5\sqrt{5}-1)\pi$$

問 12.2 公式 12.2 を用いて曲面の面積を求めよ．

(1) 曲面 $z = \dfrac{2}{3}\sqrt{x-y}^3$ $\quad D: \begin{cases} 0 \leqq x \leqq 1 \\ 0 \leqq y \leqq x \end{cases}$ （公式 10.1）

(2) 曲面 $\begin{cases} x = s\cos t \\ y = s\sin t \\ z = s \end{cases}$ $\quad K: \begin{cases} 0 \leqq s \leqq 1 \\ 0 \leqq t \leqq 2\pi \end{cases}$ （円錐面）

練習問題 12

1. 公式 12.1 を用いて体積を求めよ．

(1) 図形 $D: 0 \leqq x \leqq 1,\ 0 \leqq y \leqq 1-x$ で平面 $z = 1+x-y$ （$z \geqq 0$）と xy 平面に囲まれた立体．

(2) 図形 $D: 0 \leqq x \leqq y,\ 0 \leqq y \leqq 1$ で曲面 $z = x^2+y^2$ （$z \geqq 0$）と xy 平面に囲まれた立体．

(3) 図形 $D: 0 \leqq x^2+y^2 \leqq 1$ で平面 $z = 2-x-y$ （$z \geqq 0$）と xy 平面に囲まれた立体（$x = s\cos t,\ y = s\sin t$ として，公式 11.1）．

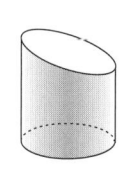

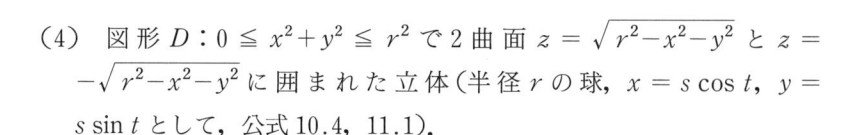

(4) 図形 $D: 0 \leqq x^2+y^2 \leqq r^2$ で 2 曲面 $z = \sqrt{r^2-x^2-y^2}$ と $z = -\sqrt{r^2-x^2-y^2}$ に囲まれた立体（半径 r の球，$x = s\cos t,\ y = s\sin t$ として，公式 10.4，11.1）．

2. 公式 12.2 を用いて曲面の面積を求めよ．

(1) 平面 $\dfrac{x}{a}+\dfrac{y}{b}+\dfrac{z}{c}=1$ $\quad D:\begin{cases} 0\leq x,\ 0\leq y \\ \dfrac{x}{a}+\dfrac{y}{b}\leq 1 \end{cases}$ $(a,b,c>0)$

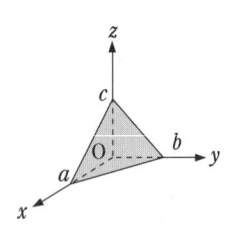

(2) 曲面 $z=\sqrt{1-x^2}$ $\quad D:\begin{cases} -1\leq x\leq 1 \\ -\sqrt{1-x^2}\leq y\leq \sqrt{1-x^2} \end{cases}$ （円柱面）

(3) 曲面 $\begin{cases} x=r\sin s\cos t \\ y=r\sin s\sin t \\ z=r\cos s \end{cases}$ $\quad K:\begin{cases} 0\leq s\leq \pi \\ 0\leq t\leq 2\pi \end{cases}$ （半径 r の球面）

(4) 曲面 $\begin{cases} x=s\cos t \\ y=s\sin t \\ z=s^2\sin t\cos t \end{cases}$ $\quad K:\begin{cases} 0\leq s\leq \sqrt{2} \\ 0\leq t\leq 2\pi \end{cases}$ （双曲放物面，公式 10.4）

解答

問 12.1 (1) 1 (2) $\dfrac{4}{3}$

問 12.2 (1) $\dfrac{1}{5}(3\sqrt{3}-2)$ (2) $\sqrt{2}\pi$

練習問題 12

1. (1) $\dfrac{1}{2}$ (2) $\dfrac{1}{3}$ (3) 2π (4) $\dfrac{4}{3}\pi r^3$

2. (1) $\dfrac{1}{2}\sqrt{a^2b^2+b^2c^2+c^2a^2}$ (2) 4 (3) $4\pi r^2$ (4) $\dfrac{2}{3}(3\sqrt{3}-1)\pi$

索　引

あ　行

1次関数	8
1次偏導関数	50
1次方程式	10
1変数関数	1, 3
陰関数	47, 49
n次関数	8, 12, 67
$(m+n)$次偏導関数	51

か　行

下端	3
関数	1, 8
逆三角関数	35
極限	9
極限値	9
極小	56
極小値	56
極小点	56
極大	56
極大値	56
極大点	56
曲面の面積	91
区間	3
グラフ	8
高次関数	8
高次偏導関数	50
合成関数	18, 42, 43

さ　行

三角関数	32, 72
指数関数	22, 72
指数法則	12, 22, 68
実関数	8
重積分	65, 66
収束	9
従属変数	1, 8, 47, 48
上端	3
図形	65, 82
積分	3
積分区間	3
積分図形	65, 84
積分定数	3
接線	1
接平面	11, 41, 56, 58
全微分	41
増分	1, 11

た　行

対数関数	24
代数関数	8
対数微分法	27
対数法則	24
体積	65, 89
代入	9
多項式	8
置換積分	79, 84
逐次積分	65, 66, 69
超越関数	8
定数	1, 8
定数関数	8
定積分	3
テーラー級数展開	60
展開	59
導関数	1, 42
峠点	56
独立変数	1, 8, 47, 48

な　行

2次関数	8
2次偏導関数	50, 56
2変数関数	8, 9, 10, 65

は　行

媒介変数	48
パラメタ	48
判別式	56
微積分の基本定理	3
ピタゴラスの定理	90
微分	1, 3, 10, 11
微分係数	1
微分する	1
複素関数	8
不定積分	3
部分積分	79
不連続	9
不連続点	9
分数関数	8, 68, 73
平面図形	65
べき	59
べき級数	59
べき級数展開	60
変数	1, 8

ま　行

変換変換	84
偏導関数	10, 11, 41, 42, 43, 50, 56, 58, 60
偏微分	10, 41, 42, 43
偏微分係数	11
偏微分する	11, 60
法線	58
方程式	1, 8

ま　行

マクローリン級数展開	60
無理関数	8, 73
面積	3
面積のピタゴラスの定理	90
面積比	84

や　行

ヤコビアン	49
ヤコビ行列式	49, 84
有理関数	8
陽関数	47

ら　行

立体の体積	89
連続	9
連続でない	9

記 号 索 引

関 数	
$f(x), F(x)$	1
$f(ax+b)$	78
$f(x,y), F(x,y)$	8, 47
$F(x,y,z)$	47
$x=f(t), y=g(t)$	49
$x=f(s,t), y=g(s,t), z=h(s,t)$	48

根 号	
$\sqrt[n]{a}$	12, 22, 68
$\sqrt[n]{a^m}$	12, 22, 68
$\sqrt[n]{a}^m$	12, 22, 68

指数関数	
a^0	12, 22, 68
a^{-n}	12, 22, 68
$a^{\frac{1}{n}}$	12, 22, 68
$a^{\frac{m}{n}}$	12, 22, 68

三角関数	
$\sin^2 x, \sin^2 \theta$	32
$\cos^3 x, \cos^3 \theta$	32
$\tan^4 x, \tan^4 \theta$	32

極 限	
∞	10
$x \to a, y \to b$	9
$f(x,y) \to c$	9
$\lim_{h \to 0}, \lim_{\Delta x \to 0}$	1, 11
$\lim_{\substack{x \to a \\ y \to b}} f(x,y)$	9

微 分	
d, ∂	11
$\Delta x, \Delta y, \Delta z$	1, 11
dx, dy, dz	1, 41
$\partial x, \partial y, \partial z$	11
$dxdy, dsdt$	65, 84
$\dfrac{\Delta y}{\Delta x}, \dfrac{\Delta z}{\Delta x}, \dfrac{\Delta z}{\Delta y}$	1, 11
$\dfrac{dy}{dx}$	1
$\dfrac{dx}{dt}, \dfrac{dy}{dt}, \dfrac{dz}{dt}$	42, 79
$\dfrac{\partial z}{\partial x}, \dfrac{\partial z}{\partial y}$	11, 41, 43
$\dfrac{\partial x}{\partial t}, \dfrac{\partial y}{\partial t}, \dfrac{\partial z}{\partial t}$	43
$\dfrac{\partial^2 z}{\partial x^2}, \dfrac{\partial^2 z}{\partial x \partial y}, \dfrac{\partial^2 z}{\partial y^2}$	50
$\dfrac{\partial^{m+n} z}{\partial x^m \partial y^n}$	51
y'	1
$f'(x), g'(x)$	1, 79
z_x, z_y	10, 11, 41
$(\ )_x, (\ )_y$	10
F_x, F_y, F_z	47
x_t, y_t, z_t	42, 43
$f_x(x,y), f_y(x,y)$	11
z_{xx}, z_{xy}, z_{yy}	50
$z_{xxx}, z_{xxy}, z_{xyy}, z_{yyy}$	51
$z_{x^m y^n}$	51
$\dfrac{\partial(x,y)}{\partial(s,t)}$	49, 84
$\begin{vmatrix} x_s & x_t \\ y_s & y_t \end{vmatrix}$	49, 84

積 分	
$\int$	4
$\int_a^b$	3
$\int f(x)dx$	4
$\int_a^b f(x)dx$	3
$\int f(g(t))\dfrac{dx}{dt}dt$	79
$\int_\alpha^\beta f(g(t))\dfrac{dx}{dt}dt$	79
$\int f(g(t))g'(t)dt$	79
$\int_\alpha^\beta f(g(t))g'(t)dt$	79
$\int \{f(x)\}^n f'(x)dx$	79
$\int \dfrac{f'(x)}{f(x)}dx$	79
$\int f(x)g'(x)dx$	79
$\int_a^b f(x)g'(x)dx$	79
$\iint_D$	65
$\iint_D f(x,y)dxdy$	65, 67, 84
$\int_a^b \left\{\int_{c(x)}^{d(x)} f(x,y)dy\right\}dx$	67
$\int_c^d \left\{\int_{a(y)}^{b(y)} f(x,y)dx\right\}dy$	67
$\iint_K f(g(s,t), h(s,t)) \times \left|\dfrac{\partial(x,y)}{\partial(s,t)}\right| dsdt$	84
$\iint_K f(g(s,t), h(s,t)) \times \left\|\begin{matrix} x_s & x_t \\ y_s & y_t \end{matrix}\right\| dsdt$	84
$\left[F(x)\right]_a^b$	3
$\int_a^b \left[f(x,y)\right]_c^d dx$	69
$\int_a^b \left[f(x,y)\right]_{y=c}^{y=d} dx$	69

その他	
C	3
D	56
$0!, n!$	60

佐野公朗
　　　1958年1月　　東京都に生まれる
　　　1981年　　　　早稲田大学理工学部数学科卒業
　　　現　在　　　　八戸工業大学教授
　　　　　　　　　　博士（理学）

計算力が身に付く　偏微分と重積分

2006年10月30日　　第1版　第1刷　発行
2014年 3月30日　　第1版　第2刷　発行

　著　者　　　佐野　公朗
　　　　　　　　さの　きみろう
　発行者　　　発田寿々子
　発行所　　　株式会社　学術図書出版社
　　　　　〒113-0033　東京都文京区本郷5-4-6
　　　　　TEL 03-3811-0889　振替 00110-4-28454
　　　　　　　　印刷　中央印刷（株）

定価はカバーに表示してあります．

本書の一部または全部を無断で複写（コピー）・複製・転載することは，著作権法で認められた場合を除き，著作物および出版社の権利の侵害となります．あらかじめ小社に許諾を求めてください．

Ⓒ 2006　K. SANO Printed in Japan

公　式　集　Ⅱ　（括弧内は記載ページ）

積分

$F'(x) = f(x)$ ならば

$\int_a^b f(x)\, dx = \left[F(x)\right]_a^b = F(b) - F(a)$　(p. 3)

$\int k f(x)\, dx = k \int f(x)\, dx$　（k は定数）　(p. 4, 69)

$\int \{f(x) + g(x)\}\, dx = \int f(x)\, dx + \int g(x)\, dx$　(p. 4, 69)

$\int k\, dx = kx + C$　（k は定数）　(p. 4, 67)

$\int x^n\, dx = \dfrac{1}{n+1} x^{n+1} + C$　($n \neq -1$)　(p. 4, 67)

$\int (x+b)^n\, dx = \dfrac{1}{n+1}(x+b)^{n+1} + C$　($n \neq -1$)　(p. 4, 67)

$\int \dfrac{1}{x}\, dx = \int x^{-1}\, dx = \log |x| + C$　(p. 68)

$\int \dfrac{1}{x+b}\, dx = \int (x+b)^{-1}\, dx = \log |x+b| + C$　(p. 4, 68)

$\int e^{ax}\, dx = \dfrac{1}{a} e^{ax} + C$　(p. 4, 72)

$\int a^x\, dx = \dfrac{1}{\log a} a^x + C$　(p. 72)

$\int \sin ax\, dx = -\dfrac{1}{a} \cos ax + C$　(p. 4, 72)

$\int \cos ax\, dx = \dfrac{1}{a} \sin ax + C$　(p. 4, 72)

$\int \tan ax\, dx = \int \dfrac{\sin ax}{\cos ax}\, dx = -\dfrac{1}{a} \log |\cos ax| + C$　(p. 72)

$\int \cot ax\, dx = \int \dfrac{1}{\tan ax}\, dx = \int \dfrac{\cos ax}{\sin ax}\, dx = \dfrac{1}{a} \log |\sin ax| + C$　(p. 72)

$\int \sec^2 ax\, dx = \int \dfrac{1}{\cos^2 ax}\, dx = \dfrac{1}{a} \tan ax + C$　(p. 72)

$\int \operatorname{cosec}^2 ax\, dx = \int \dfrac{1}{\sin^2 ax}\, dx = -\dfrac{1}{a} \cot ax + C$　(p. 72)

$\int \sinh ax\, dx = \dfrac{1}{a} \cosh ax + C$　(p. 4)

$\int \cosh ax\, dx = \dfrac{1}{a} \sinh ax + C$　(p. 4)